U0203920

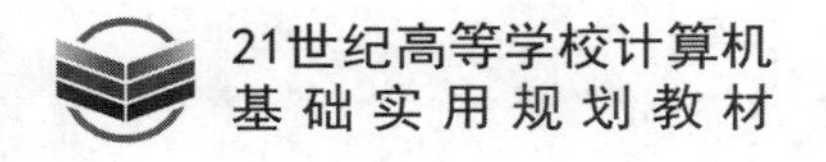
21世纪高等学校计算机
基础实用规划教材

C语言程序设计实验教程

微课视频版

◎ 王雪梅 李海晨 主编

清華大學出版社
北京

内 容 简 介

理论与实践结合，多动手编程练习是学好C语言的必由之路。本书按照知识点递进的顺序，以操作任务为主线，共分为10章，依次为：初识C语言、顺序结构、分支结构、循环结构、数组、函数与预处理、指针、构造数据类型、位运算、文件。每章又分为四个部分，先简要介绍相关知识点，之后给出程序示例、常见错误，最后布置实验任务。

实验任务可直接用于实验课堂教学。每个实验按两个学时设置，分为基础题和拓展题，便于实现分层教学。对每道基础题都配套了微视频，讲解编程过程，培养学生的编程思维。

本书既可作为本科、专科学生的实验指导教材，也可供编程爱好者自学参考。

图书在版编目(CIP)数据

C语言程序设计实验教程：微课视频版/王雪梅，李海晨主编. —北京：清华大学出版社，2021.3(2022.2重印)
21世纪高等学校计算机基础实用规划教材
ISBN 978-7-302-57184-1

Ⅰ. ①C… Ⅱ. ①王… ②李… Ⅲ. ①C语言－程序设计－高等学校－教材 Ⅳ. ①TP312.8

中国版本图书馆CIP数据核字(2020)第260227号

责任编辑：黄 芝 薛 阳
封面设计：刘 键
责任校对：焦丽丽
责任印制：杨 艳

出版发行：清华大学出版社
网 址：http://www.tup.com.cn，http://www.wqbook.com
地 址：北京清华大学学研大厦A座 **邮 编**：100084
社 总 机：010-62770175 **邮 购**：010-83470235
投稿与读者服务：010-62776969，c-service@tup.tsinghua.edu.cn
质量反馈：010-62772015，zhiliang@tup.tsinghua.edu.cn
课件下载：http://www.tup.com.cn，010-83470236
印 装 者：大厂回族自治县彩虹印刷有限公司
经 销：全国新华书店
开 本：185mm×260mm **印 张**：8 **字 数**：194千字
版 次：2021年3月第1版 **印 次**：2022年2月第3次印刷
印 数：3501～5000
定 价：29.80元

产品编号：090241-01

前 言

“C语言程序设计基础”是计算机专业以及理工类各专业的重要基础课程之一，也是很多学校的第一门编程课。理论与实践结合，多动手编程练习是学好C语言的必由之路。全书按照知识点递进的顺序，以操作任务为主线，共分为10章，每章分为知识点介绍、程序示例、常见错误、实验任务四个部分。

“知识点介绍”部分简要介绍相关知识点，文字简洁但语法完整，无长篇大论但也五脏俱全，相当于学习笔记记录要点，方便学生操作练习时快速定位重点。

“程序示例”部分精选有代表性的例题，涵盖该章重要知识点，并附有详细的语句说明注释和运行效果展示，有的还单独进行程序讲解说明，这些都让程序变得生动、易懂。

“常见错误”部分列举出初学者常出现的各类错误，并说明了错误的原因和解决办法，可以帮助读者少走弯路。

“实验任务”部分设置了13个实验任务，可直接用于实验课堂教学。每个实验按两个学时设置，分为基础题和拓展题，便于实现分层教学。对每道基础题都配套了微视频，视频中录制了一步步分析题目，逐行讲解代码，最终运行程序展现效果的过程。通过此过程培养学生的编程思维。实验任务安排如表0-1所示。

表0-1 实验任务安排

章	实验任务名称	基础题数量	拓展题数量	学时
第1章 初识C语言	实验1 初识C语言	3	1	2
第2章 顺序结构	实验2 顺序结构练习1	3	1	2
	实验3 顺序结构练习2	3	3	2
第3章 分支结构	实验4 分支结构练习1	3	2	2
	实验5 分支结构练习2	3	1	2
第4章 循环结构	实验6 循环结构练习	3	1	2
	实验7 综合练习	3	2	2
第5章 数组	实验8 数组使用练习	4	1	2
第6章 函数与预处理	实验9 函数使用练习	3	1	2
第7章 指针	实验10 指针操作练习	3	1	2
第8章 构造数据类型	实验11 构造数据类型练习	3	1	2
第9章 位运算	实验12 位运算练习	3	1	可以删减合并为一个2学时实验
第10章 文件	实验13 文件操作练习	3	1	

本书既可作为本科、专科学生学习C语言的入门级教材，也适合C语言爱好者学习参考。本书可以与配套理论教材《C语言程序设计基础——微课视频版》一起使用，也可以作为单

独的教材使用。观看完整的知识讲解可以登录安徽省网络课程学习中心平台 e 会学网站，加入在线 MOOC 课程(搜索“C 语言程序设计基础”)。

本书由安徽信息工程学院王雪梅和黑龙江大学李海晨共同主编。安徽信息工程学院的陶骏、陈兵、高超、张云玲、李骏和上海工商职业技术学院的王颖慧、海军士官学院的霍清华也参与了编写工作。尽管作者尽了最大努力，但书中也难免有疏漏或不足之处，恳请各位读者批评指正。

感谢家人、同事，感谢清华大学出版社，感谢所有支持、帮助我的人。

编　者

2020 年 11 月

目录

第1章 初识C语言

程序设计语言分为机器语言、汇编语言、高级语言三类，C语言是介于机器语言和高级语言之间的编程语言。

1.1 C语言程序的结构

C语言程序可由6个部分组成：文件包含、预处理、变量说明、函数原型声明、主函数和自定义函数。几点说明如下。

(1) 不是每一个C语言程序都包含6个部分，最简单的C语言程序可以只有文件包含和主函数部分。

(2) 每个C语言程序中必须有主函数(main()函数)，而且只能有一个。自定义函数可以有0个或多个。自定义函数与主函数形式一样，而且不管是定义还是使用函数，函数名后面都必须写上一对小括号。

(3) 每一个C语言程序的语句都以分号结束，文件包含和预处理不是C语句，后面不加分号。

1.2 C语言程序的运行

C语言编程的过程如图1-1所示。

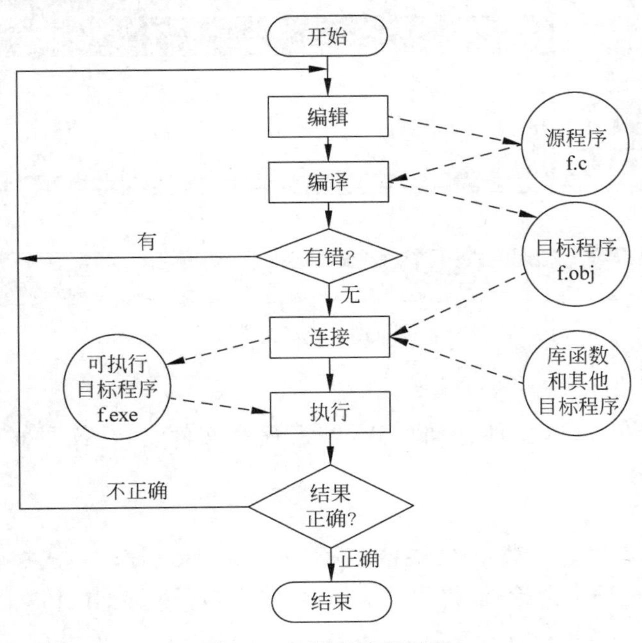

图1-1 C语言编程过程

1. 编辑

书写代码,保存成扩展名为.c 的文本文件。此过程可以使用任意的文本编辑软件完成,使用专用软件会使编程更便捷。

2. 编译

源程序经过编译操作生成.obj 二进制目标程序。

3. 连接

将源程序和所调用的所有系统函数进行连接,生成可运行的.exe 文件。

4. 执行(运行)程序

运行.exe 文件,验证结果。

1.3 Visual C++环境

适合 C 语言的集成开发工具很多,下面以 Visual C++为例,分别介绍 Visual C++ 6.0 和 Visual C++ 2010 的用法。

1.3.1 Visual C++ 6.0 用法

1. 新建文本文件

运行 Visual C++ 6.0,单击工具栏上的"新建"按钮,打开一个文本编辑窗口编写代码。第一个文档默认名字为 Text1,如图 1-2 所示。

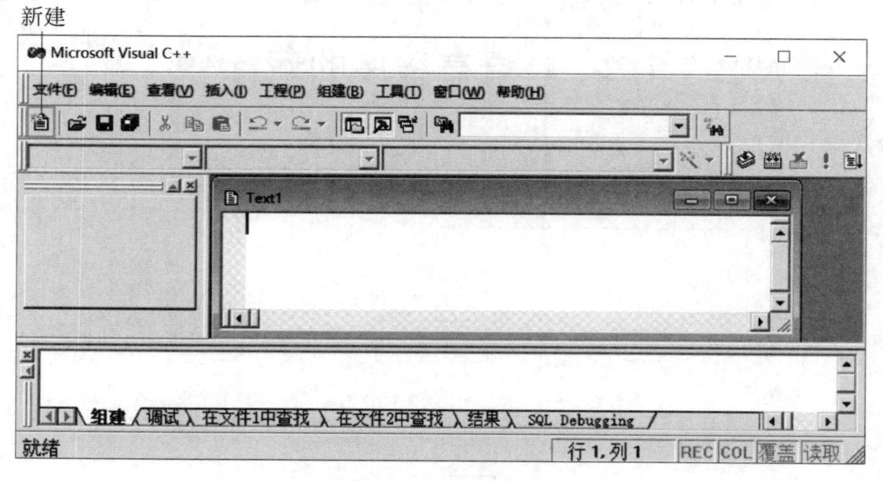

图 1-2 新建文件

2. 保存代码

单击"保存"按钮,选择文件存储位置,输入程序文件名字,文件扩展名必须是.c,如图 1-3 和图 1-4 所示。

3. 编译

如图 1-5 所示,在"组建"菜单中选择"编译"命令,将源程序转换成扩展名为.obj 的二进制目标程序。编译过程中会检查、提示语法错误,双击错误提示(图 1-5 下方深色底文字)可

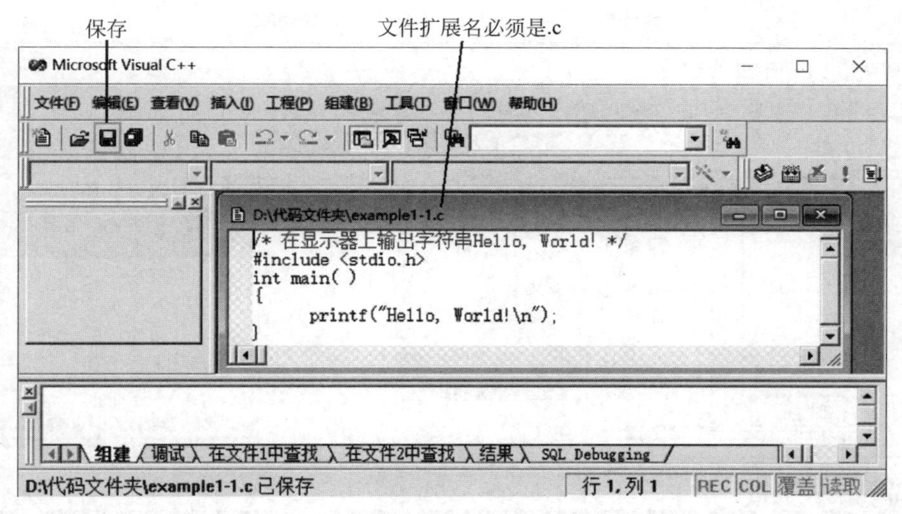

图 1-3 保存文件

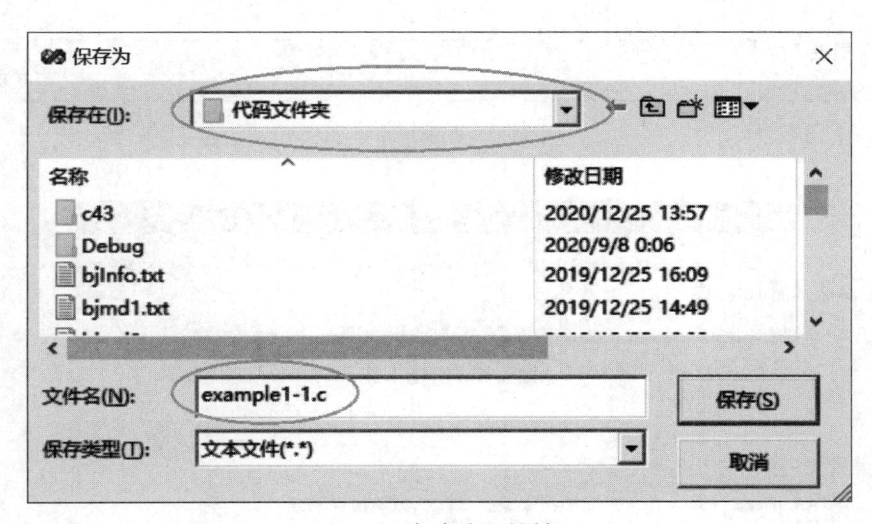

图 1-4 “保存为”对话框

以将光标定位到错误行附近。编译成功才可进入下一步。

4. 创建工作区

第一次编译时会弹出“创建工作区”对话框，单击“是”按钮，如图 1-6 所示。

5. 组建(连接)

编译通过后进行“组建”，将编译生成的.obj 文件和程序调用的头文件进行连接，生成扩展名为.exe 的二进制可运行文件，如图 1-7 所示。

组建过程中也可能会报错，但无法双击错误提示定位到代码行，需要根据提示自行查找错误代码，组建可以找出函数名字错误。

6. 执行(运行)

如图 1-8 所示，组建通过后运行程序，如果运行效果不符合预期，就需要修改代码，然后须重新进行“编译”和“组建”。

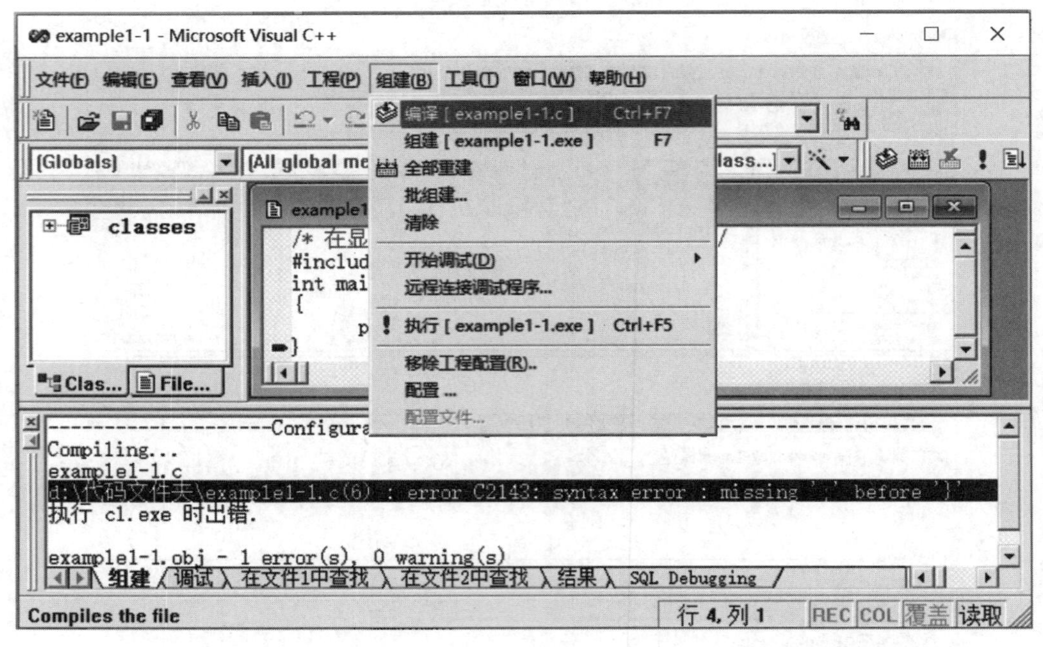

图 1-5 编译文件

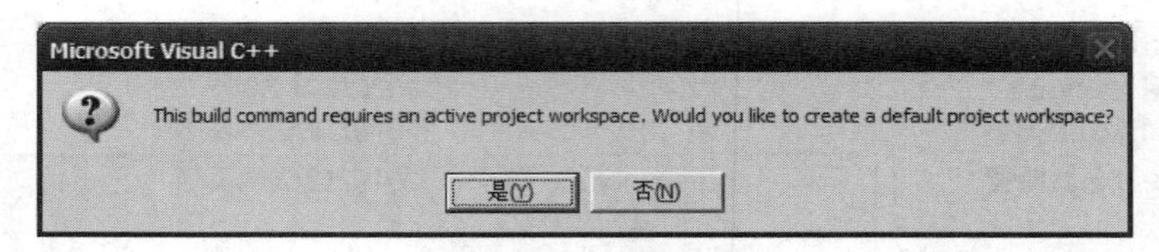

图 1-6 创建工作区

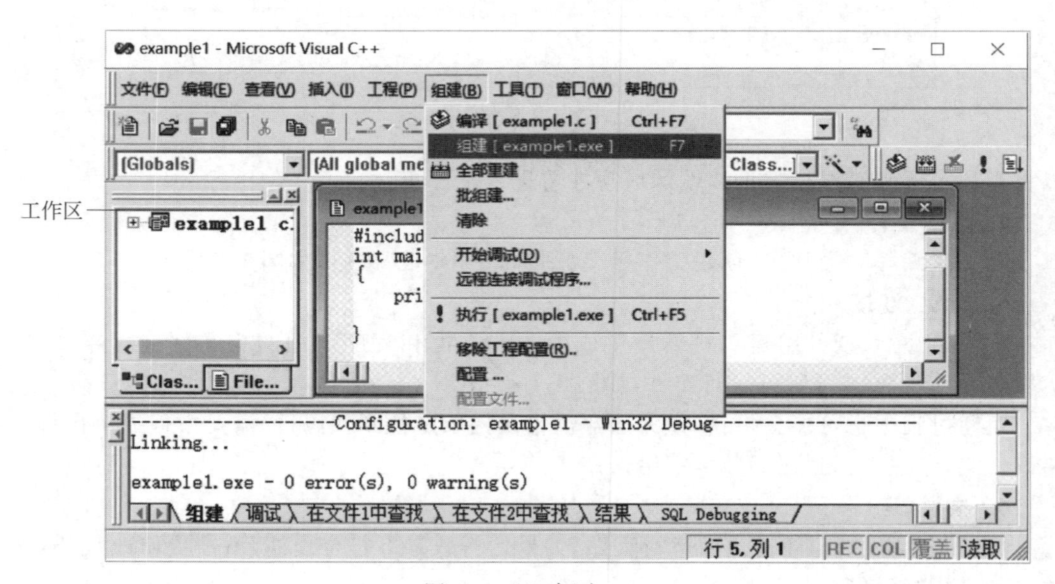

图 1-7 “组建”窗口

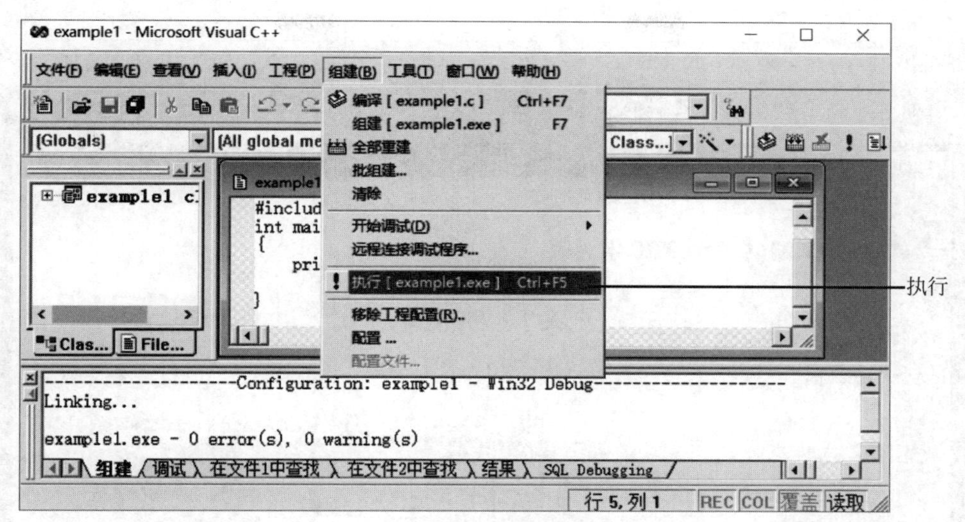

图 1-8 “执行”命令

“编译”“组建”“运行”三个步骤也可以通过直接单击工具栏上相应的按钮完成，如图 1-9 所示。

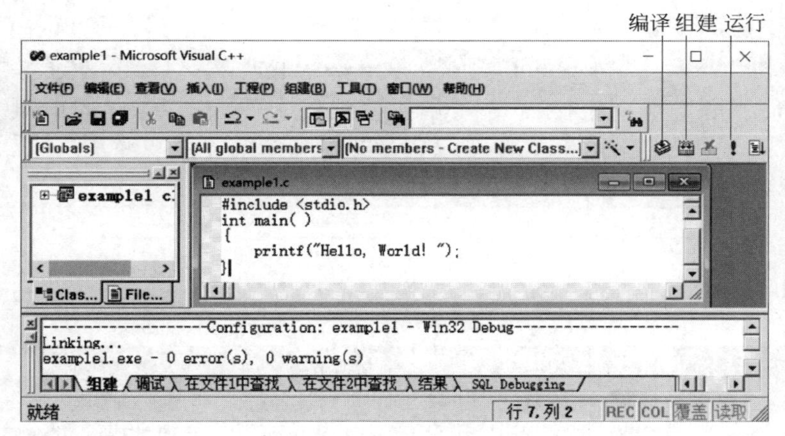

图 1-9 “编译”“组建”“运行”按钮

1.3.2 Visual C++ 2010 用法

1. 运行

单击“开始”→“所有程序”→Microsoft Visual Studio 2010 Express→Microsoft Visual C++ 2010 Express 命令，打开 Visual C++ 2010 学习版。

2. 新建工程

(1) 如图 1-10 所示，单击起始页面“新建项目”按钮新建一个工程；或者选择菜单“文件”→“新建”→“项目”，新建工程，如图 1-11 所示。

(2) 如图 1-12 所示，选择“Win32 控制台应用程序”，输入项目名称，单击“浏览”按钮选择项目文件存放位置，单击“确定”按钮。注意这是项目名称，不需要. c 扩展名。新建项目时，系统自动生成同名的“解决方案”。

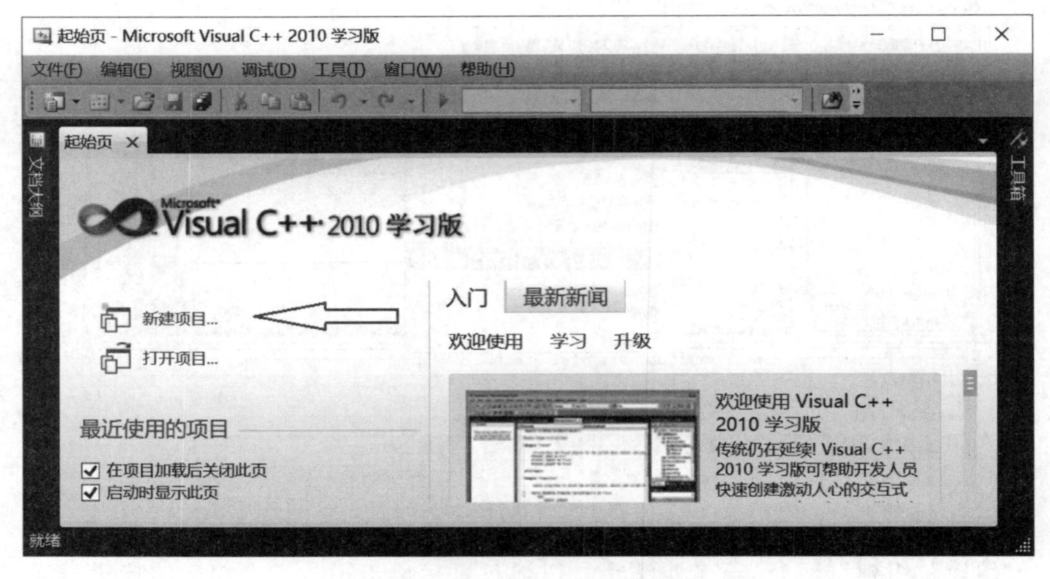

图 1-10 Visual C++ 2010 起始页

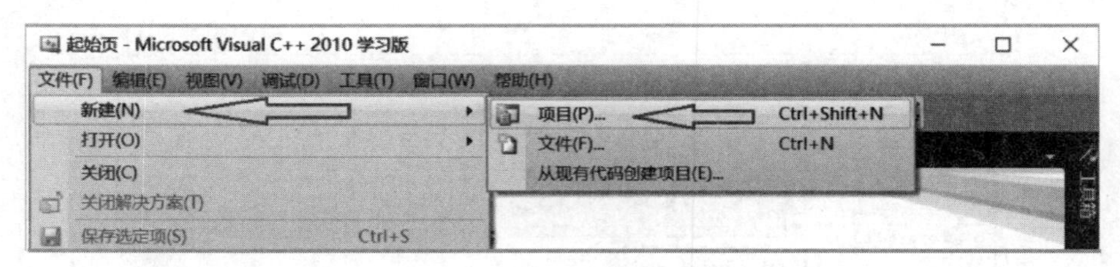

图 1-11 新建工程

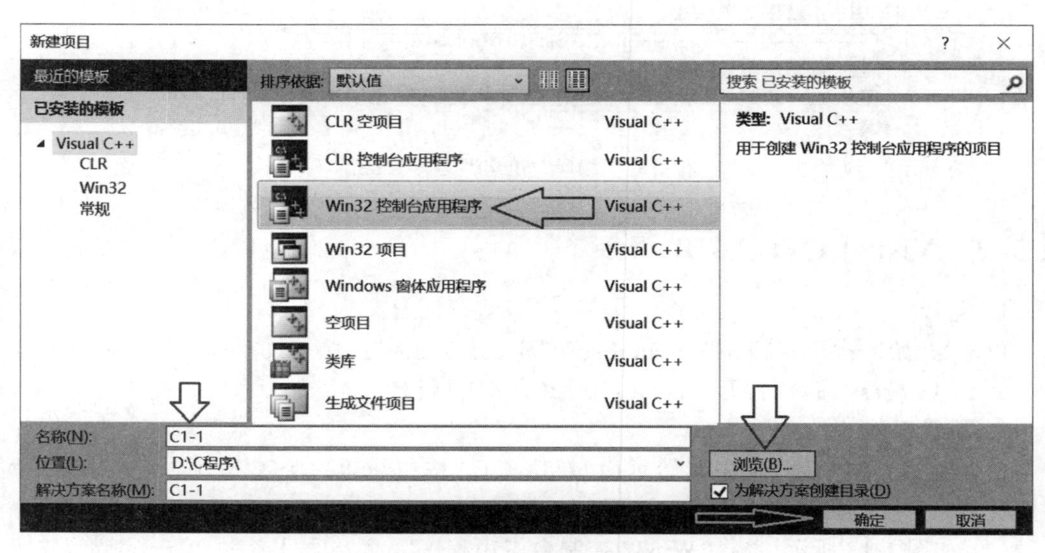

图 1-12 输入项目名称

(3) 如图 1-13 所示,进入 Win32 应用程序向导界面,单击“下一步”按钮。

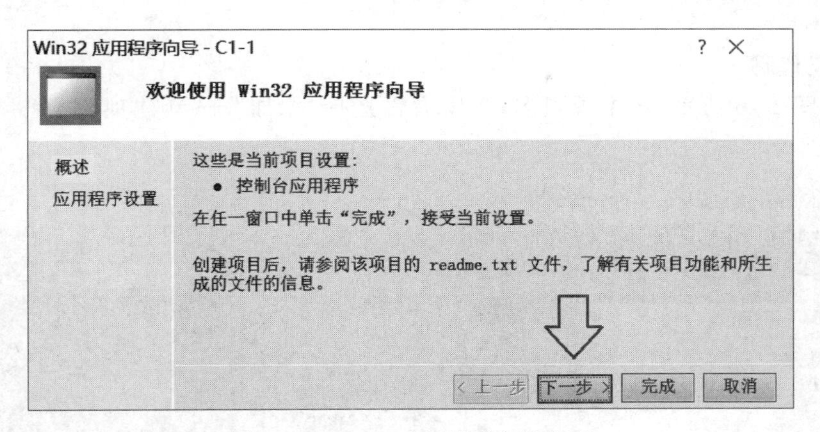

图 1-13　Win32 应用程序向导界面

(4) 如图 1-14 所示,选择“空项目”复选框,单击“完成”按钮。

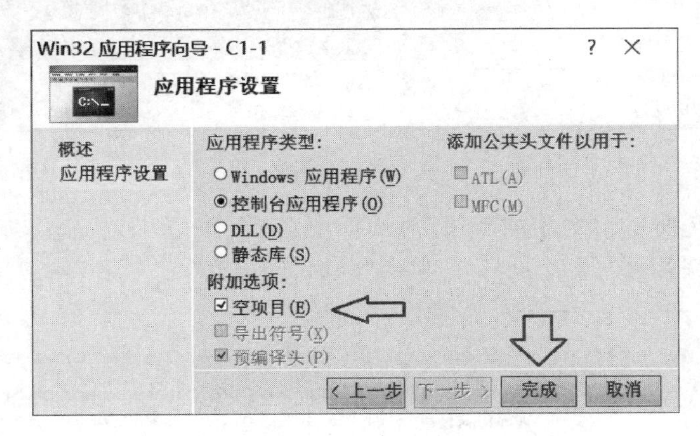

图 1-14　新建空项目

(5) 新建工程后的界面如图 1-15 所示。

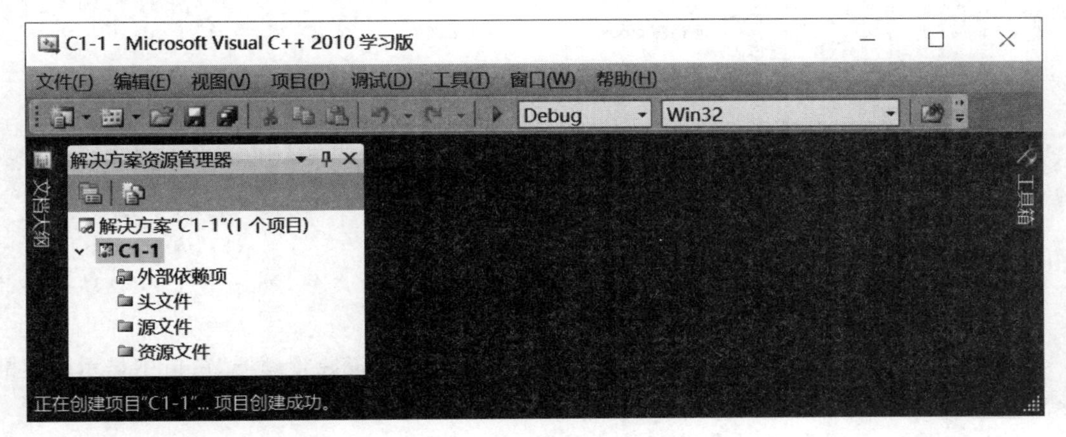

图 1-15　新建工程界面

说明：如果没有出现图1-15的窗口，选择菜单“视图”→“其他窗口”→“解决方案资源管理器”命令。

3. 新建代码

(1) 如图1-16所示，选中项目名，单击右键选择“添加”→“新建项”命令，添加一个新项目。

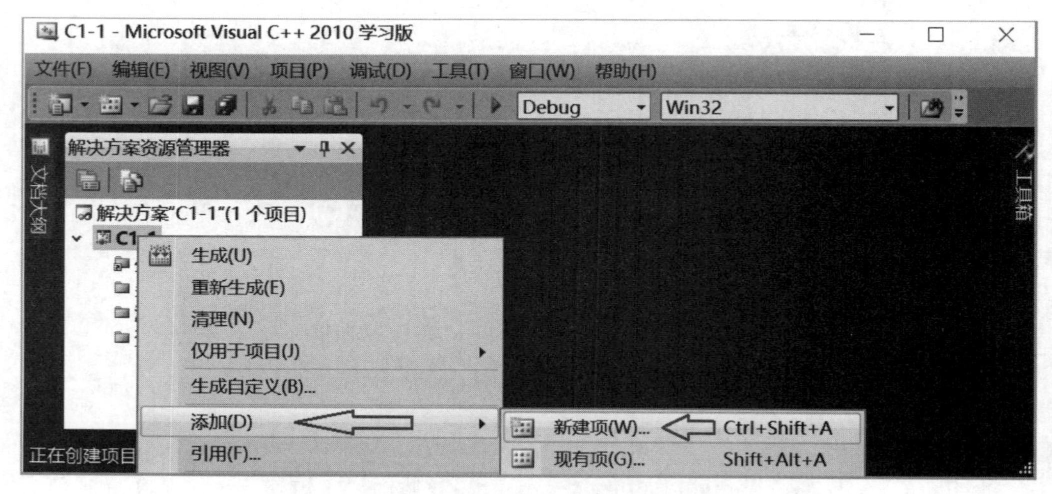

图1-16 新建项

(2) 如图1-17所示，在“添加新项”对话框中选择C++文件(.cpp)，输入文件名，例如“my1.c”，注意不要忘记写上扩展名.c，单击“添加”按钮。

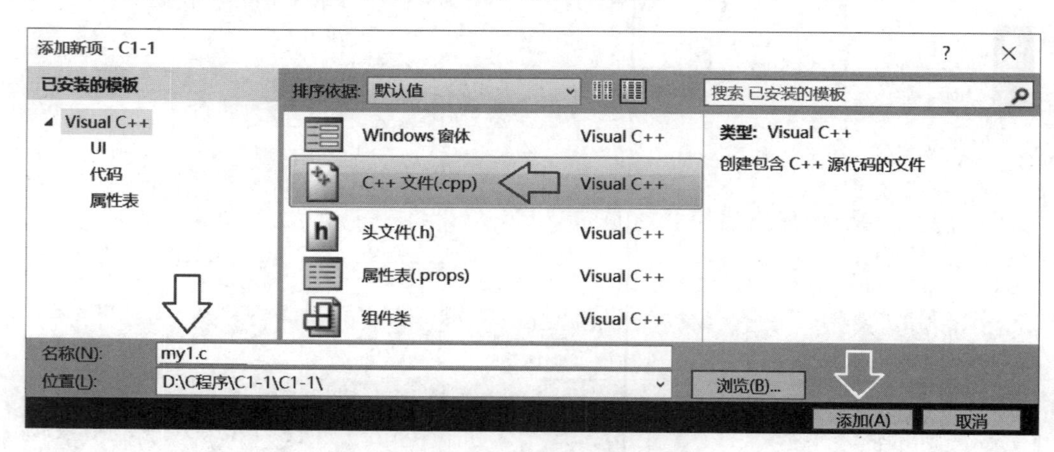

图1-17 新建C++文件

说明：在此处如果没有输入.c扩展名，则自动生成.cpp文件，.cpp是C++程序文件的扩展名，扩展名为.c的文件才是C语言程序文件。

(3) 如图1-18所示，新建文件后的页面左侧“解决方案资源管理器”窗口中显示新建的文件名“my1.c”。

(4) 如图1-19所示，在右侧窗口输入代码，单击“保存”按钮保存文件。

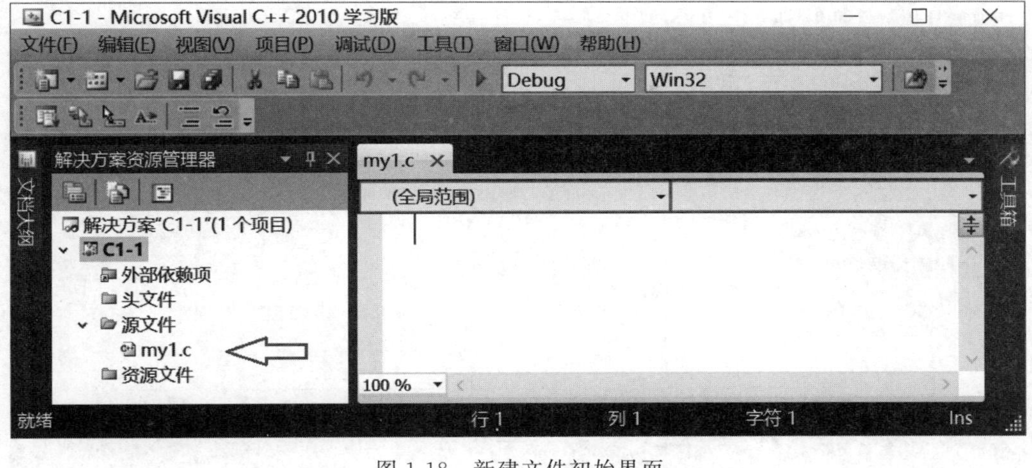

图 1-18　新建文件初始界面

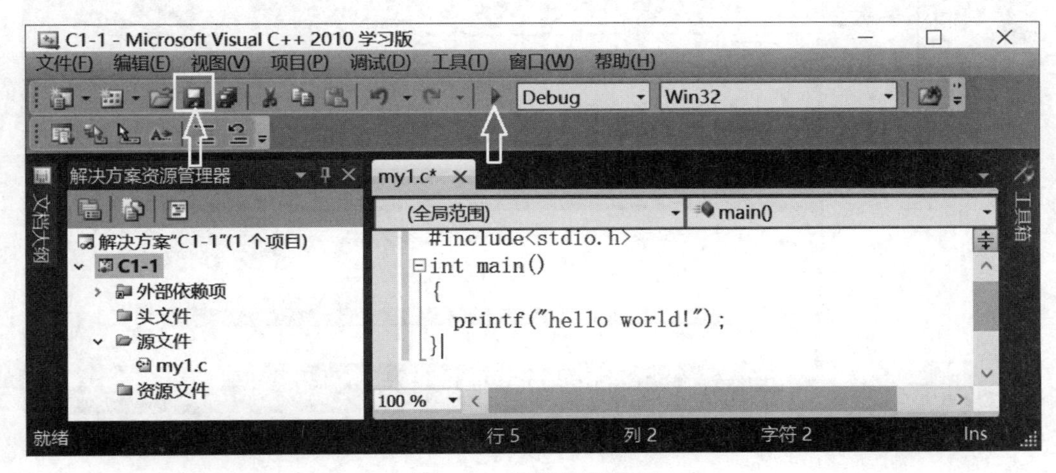

图 1-19　编辑代码界面

4. 编译运行

(1) 单击菜单栏中的“启动调试”按钮，出现如图 1-20 所示编译提示界面，单击“是”按钮，系统会自动编译程序，检查代码是否有错误。

(2) 如果程序出错，会出现如图 1-21 所示界面，单击“是”按钮会忽略此次错误，运行上一次编译成功的程序；单击“否”按钮，则不运行，显示错误信息等待修改。

(3) 单击“否”按钮，“输出”界面会有错误提示信息，如图 1-22 所示。示例中有一个错误(提示：失败 1 个)。双击错误信息，系统自动定位到出错代码附近。

(4) 修正错误代码，重新单击按钮编译。编译成功，如果运行窗口出现一闪而过的情况，可以在程序末尾写上 getchar()语句，再次单击按钮，或者使用快捷键 F5 重新运行程序。运行之后按 Enter 键即可结束。修改后的代码和运行结果如图 1-23 所示。

说明：要打开已有项目，需要双击项目的解决方案文件.sln 或者工程文件.proj，直接双击.c 文件无效。

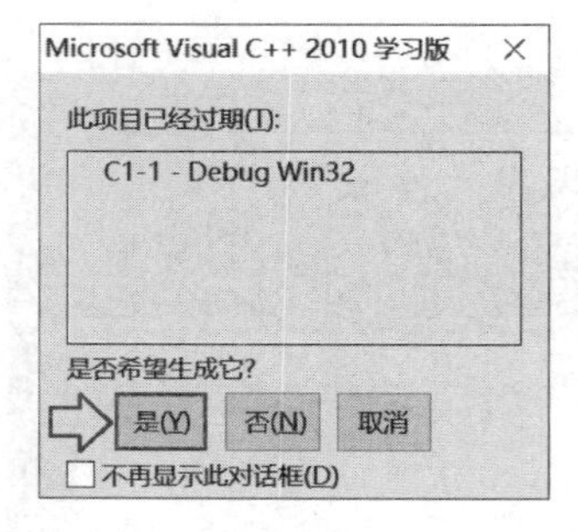

图 1-20　编译提示界面

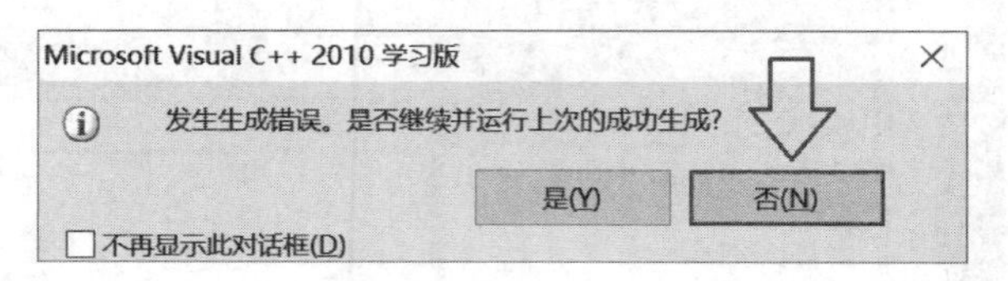

图 1-21　错误提示界面

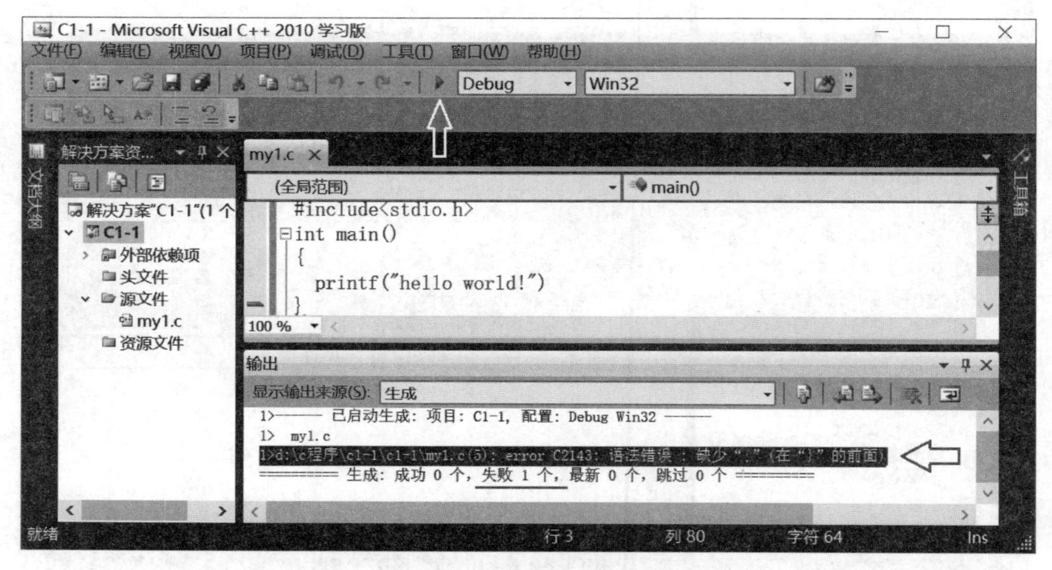

图 1-22　编译出错界面

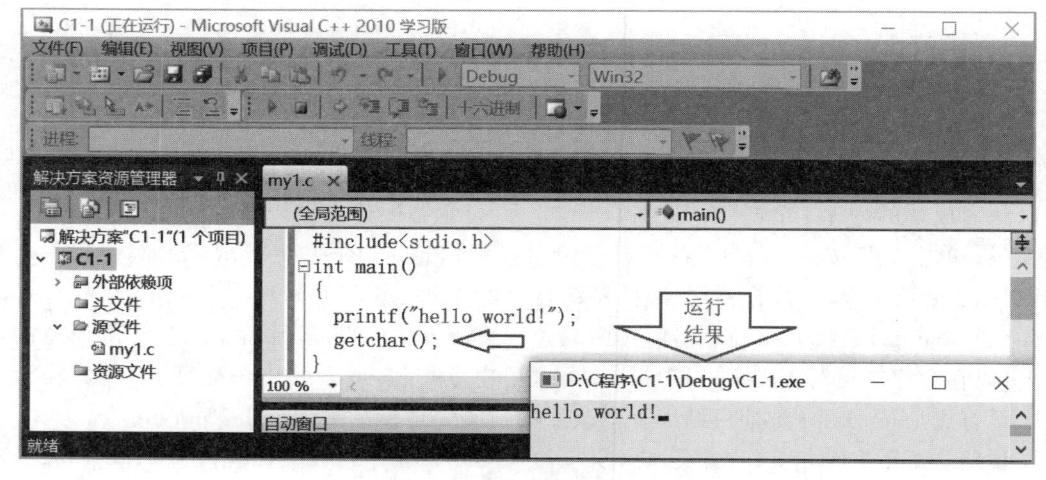

图 1-23　程序运行成功界面

1.4 程序示例

【例 1-1】 编写程序，在显示器上输出“Hello，World!”。

程序如下。

```
1        /* 在显示器上输出字符串 Hello, World! */
2        #include <stdio.h>
3        int main()
4        {
5             printf("Hello, World!\n");
6        }
```

这是最简单的 C 语言程序，只有 6 行代码。我们通过这个小程序了解 C 语言程序的组成部分。

第 1 行　/* 在显示器上输出字符串 Hello，World! */

用/*　*/括起来的一段文字是程序的注释，注释是对程序的解释说明文字，不参与程序运行。C 语言中有两种注释：多行注释是用/*　*/括起来，可以放在程序的任意位置。单行注释是用两个斜杠//开头，只能放在程序代码行尾部。

第 2 行　#include <stdio.h>

include 是文件包含命令，表示在程序中要用到 stdio.h 这个头文件中的函数。扩展名为.h 的文件称为头文件。

第 3 行　int main()

main 是 C 语言主函数名，全部为小写字母。一个 C 语言源程序不管包含多少个函数，主函数只能有一个，而且必须有一个。不管主函数放在哪里，C 语言程序都是从主函数开始运行，也在主函数结束。主函数返回值类型默认为 int 型。

第 4 行和第 6 行　一对大括号{}。

C 语言程序以函数表示，函数中的所有代码都必须放在一组大括号中。写程序时最好成对写括号，在中间加代码，以免遗漏括号，引起异常。

第 5 行　printf("Hello，World! \n");

printf()是系统定义的标准函数，其功能是把要输出的内容送到显示器上显示。printf()函数在 stdio.h 头文件中。

1.5 常见错误

错误 1：warning C4013：'printf' undefined；assuming extern returning int。

原因：可能未引用头文件。

解决办法：加入语句 #include <stdio.h>。

错误 2：Visual C++ 6.0 程序代码中关键字没有变为蓝色，程序不可以编译运行。

原因：可能代码未保存为.c 扩展名的文件，误存为.txt 文本文件。

解决办法：选择菜单“文件”→“另存为”命令，保存为.c 扩展名的文件。

错误 3：错误提示：fatal error LNK1169：找到一个或多个多重定义的符号。

原因：可能程序中存在多个main()函数名。

解决办法：将多余的.c文件移除，或者将多余的main()函数改名字。

错误4：错误提示：_main already defined in example1.obj。

原因：可能程序中存在多个main()函数名。

解决办法：将多余的.c文件移除，或者将多余的main()函数改名字。

错误5：按钮为灰色，无法单击。

原因：程序正在运行中。

解决办法：将正在运行的窗口关掉。

错误6：Visual C++ 2010错误提示：转换到COFF期间失败：文件无效或损坏。

原因：生成可运行文件会伴随生成一个清单文件，并在连接完成后将该清单文件嵌入到.exe文件中。

解决办法1：项目→项目属性→配置属性→链接器→清单文件→生成清单："是"改为"否"。

解决办法2：项目→项目属性→配置属性→连接器→清单文件→生成清单："是"改为"否"。

错误7：用Visual C++ 2010编译运行程序时一闪而过。

原因：程序正常运行结束，但窗口未停留。

解决办法1：程序最后加getchar();。如果有scanf()函数，需要加两个getchar();如果程序中有return 0语句，需要加在return 0语句之前。

解决办法2：加入#include <stdlib.h>，程序中使用函数system("pause")。

解决办法3：在非调试状态下运行，直接按Ctrl+F5组合键。

实验1　初识C语言

一、实验目的

熟悉Visual C++开发环境，能够编写简单的C语言程序。

二、实验环境

Visual C++ 2010或Visual C++ 6.0。

三、实验内容

1. 编写第一个程序，输出"Hello World!"。

要点：第一次编程，熟悉Visual C++环境的使用。

2. 编写程序，输出

```
*********************
  我的名字是：****！
*********************
```

提示：可以用三个printf()函数输出三行，如果用一个printf()函数输出，需要用到转义字符进行换行。

3. 编写计算两个数之和的程序，输出计算结果。

要点：熟悉变量定义和使用。

拓展：编写程序，计算并输出两个数的和、差、积、商。

提示：暂时不考虑除数为0的情况。

第2章 顺序结构

程序设计有三种基本结构：顺序结构、分支结构、循环结构。

2.1 关键字

C语言中共有4大类32个关键字。其中，数据类型关键字12个(基本数据类型9个，自定义数据类型3个)，控制类型关键字12个，存储类型关键字4个，其他类型关键字4个。所有关键字必须使用小写英文字母，具体内容如表2-1所示。

表2-1 C语言关键字

序号	类型	关键字	作用
1	基本数据类型(9个)	char	字符型，占1B
		int	整型，占2B或4B，与CPU类型和编译器有关
		short	短整型，占2B
		long	长整型，占4B
		float	单精度浮点型，占4B
		double	双精度浮点型，占8B
		signed	表示有符号整数，是默认值，一般省略不写
		unsigned	表示无符号整数
		void	空值，用于定义函数，表示无返回值
	自定义数据类型(3个)	struct	结构体数据类型
		union	联合体(共用体)数据类型
		enum	枚举数据类型
2	控制类型(12个)	if-else	双分支结构的两个关键字
		switch-case default	多分支结构的三个关键字
		for	for循环，一般用于循环次数固定的循环
		while	while循环，先判断条件后运行语句
		do-while	do-while循环，先运行一次语句，再判断条件
		continue	不终止循环，结束当前循环提前进入下一个循环
		break	中止语句，中止循环或跳出switch分支
		goto	无条件转向语句，不建议使用
		return	返回语句，返回到函数调用处

续表

序　号	类　型	关 键 字	作　用
3	存储类型（4个）	auto	自动型，局部变量的默认值，存在内存动态区域
		extern	定义全局变量表示可被其他文件访问，在静态区域。定义函数表示外部函数。全局变量和函数默认 extern 型
		register	寄存器型，只用于定义局部变量，存在寄存器中
		static	定义局部变量表示静态变量，值保留并自动赋初值。定义全局变量表示内部变量。定义函数表示内部函数
4	其他类型（4个）	const	声明只读变量
		sizeof	计算数据类型长度，返回字节数
		typedef	类型定义，为自定义数据类型取别名
		volatile	变量在程序运行过程中可隐含地被改变

2.2　数据类型、常量和变量

2.2.1　数据类型

C语言的数据类型如图2-1所示。

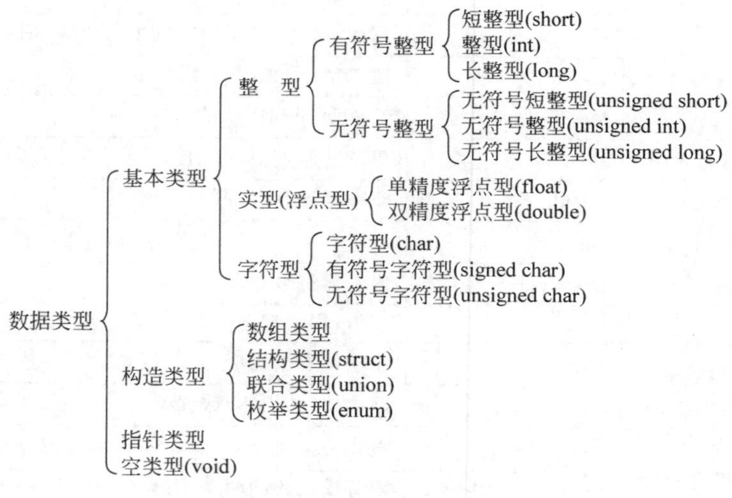

图2-1　C语言的数据类型

表2-2列出C语言基本数据类型所占字节数和取值范围，多数数据类型所占字节数是固定的，只有整型与CPU类型和编译器有关。在Visual C++中整型数据占4B。

表2-2　C语言基本数据类型所占字节数和取值范围

数据类型	类型标识符	字节数	取值范围
短整型	short	2	−32 768～32 767(-2^{15}～$2^{15}-1$)
整型	int	2或4	同 short 或 long，取决于C编译系统
长整型	long	4	−2 147 483 648～2 147 483 647(-2^{31}～$2^{31}-1$)

续表

数据类型	类型标识符	字节数	取值范围
无符号短整型	unsigned short	2	0～65 535(0～$2^{16}-1$)
无符号整型	unsigned int	2 或 4	同 unsigned short 或 unsigned long
无符号长整型	unsigned long	4	0～4 294 967 295(0～$2^{32}-1$)
单精度浮点型	float	4	-3.4×10^{-38}～ 3.4×10^{38}
双精度浮点型	double	8	-1.7×10^{-308}～ 1.7×10^{308}
字符型	char	1	ASCII 码 0～127
有符号字符型	signed char	1	−128～127(-2^7～2^7-1)
无符号字符型	unsigned char	1	0～255

2.2.2 常量

常量是指在程序运行过程中,其值不能被改变的量。C 语言中常量分为直接常量和符号常量,直接常量又分为整型常量、实型常量、字符常量、字符串常量四种类型。整型常量和实型常量都称为数值型常量。

1. 整型常量

C 语言中可采用十进制数、八进制数、十六进制数表示整型常量,不支持二进制数常量。八进制数用数字 0 开头,十六进制数用数字 0 和字母 X 开头(0x 或 0X),八进制数和十六进制数一般只用于无符号整数。

2. 实型常量

实型就是带小数的浮点数。实型常量有两种表示法:浮点记数法和科学记数法,一般情况下,对太大或太小的数采用科学记数法。

3. 字符常量

字符常量是由一对单引号括起来的单个字符,又分为一般字符常量和特殊字符常量。

一般字符常量如'B'、'D'、'7'、'@' 等字符。在 C 语言中,字符是以 ASCII 码存储的,一个字符占 1B,有效取值范围为 0～127。字符型常量可以像整数一样在程序中参与运算,但注意不要超过它的有效范围。ASCII 码表见附录 A。

特殊字符常量就是转义字符。转义字符用反斜杠\后面跟一个字符或一个八进制数或十六进制数表示,表 2-3 为常用转义字符。

表 2-3 常用转义字符

转义字符	意　义	ASCII 码(十进制)
\a	鸣铃(BEL)	7
\b	退一格(BS)	8
\f	换页(FF)	12
\n	回车换行(LF),使用频率最高	10
\r	回到本行的开始(CR)	13
\t	水平制表符,横向跳到下一个制表位(HT)	9
\v	垂直制表符(VT)	11
\\\\	表示反斜杠	92

续表

转义字符	意　义	ASCII码(十进制)
\'	单引号	39
\"	双引号	34
\0	空字符(NULL),也就是ASCII码为0的字符	0
\ddd	八进制ASCII码为ddd的字符(最多三位数)	ddd(八进制)
\xhh	十六进制ASCII码为hh的字符(最多两位，最大7f)	hh(十六进制)
%%	表示一个百分号	37

说明：

(1) 转义字符中的字母只能是小写字母,每个转义字符只能看作一个字符。

(2) \r、\v和\f不在显示器输出,在控制打印机输出时响应其操作。

4. 字符串常量

字符串常量是指用一对双引号括起来的一串字符。字符串常量与字符常量的区别如下。

(1) 字符常量由单引号括起来,字符串常量由双引号括起来。

(2) 字符常量只能表示一个字符,字符串常量可以是零至多个字符。

(3) 字符常量单引号中必须有一个字符,而字符串常量可以是一个空串。

(4) 在内存中,字符常量占1B,字符串常量所占的字节数等于字符串中字符的个数加1,字符串末尾结束标志'\0'占1B。

5. 符号常量

在C语言中,可以用标识符表示一个常量,称为符号常量。习惯上,符号常量用大写英文字母表示,以区别于变量。定义符号常量时根据数据类型决定如何书写,并且不需要用等号。符号常量定义形式为

```
#define <符号常量名> <常量>
```

例如：

```
#define PI   3.14159
#define SEX 'M'
#define NAME   "张三"
```

其中,PI、SEX、NAME均为符号常量,分别代表数字常量3.14159,字符常量'M',字符串常量"张三"。

#define是C语言的预处理命令,它和#include一样,都不是C语句,后面不加分号。在编译程序时会将程序中出现符号常量的地方直接用值替换,例如,所有出现PI的地方都替换为3.141 59。

2.2.3 变量

在程序运行过程中,其值可以改变的量称为变量。变量在内存中所占空间大小取决于变量的数据类型。变量必须先定义后使用,变量的值可以通过赋值的方法获得和改变。

1. 变量的定义和初始化

定义变量的同时给变量赋初值称为初始化,变量定义的一般形式为：

数据类型 变量名1[= 初值],变量名2[= 初值]…变量名n[= 初值];

2. 变量的赋值

在程序运行过程中可以随时改变变量的值。

例如:

```
#include<stdio.h>
void main()
{
    int i=9, j;             //同时定义两个变量i和j,i初始化为9,j未赋初值
    j=11;                   //为j赋值
    i=80;                   //为i赋值,80替换了初值9
    printf("%d\n", i);      //输出i值,格式符%d表示整数,\n表示回车换行
}
```

运行结果:

```
80
```

提示:如果使用 Visual C++ 2010 环境,可在语句尾大括号}前面增加 getchar();语句,避免画面一闪而过。

2.3 运算符与表达式

2.3.1 算术运算符及其表达式

C语言中算术运算符及其含义和优先级如表2-4所示。

表2-4 算术运算符及其含义和优先级

运算符	含义	优先级
++	自增1(变量值加1)	高
--	自减1(变量值减1)	
*	乘法	中
/	除法	
%	求余运算(整数相除,取余数)	
+	加法	低
-	减法	

说明:

(1) 求余%运算的两个操作数必须都是整数。

(2) 整数相除结果为整数,否则为浮点数。

(3) 自增(++)、自减(--)运算符前置和后置效果不同。前置运算规则是:先将变量值加1/减1,再使用变量的值。后置运算规则是:先使用变量的值,再将变量值加1/减1。

(4) 自增、自减运算既可用于整型变量,也可用于浮点型变量,但不可用于常量和表达式。例如,(i+j)++或5--是不合法的。

(5) 自增、自减运算符的组合原则是自左而右,例如,a+++b等价于(a++)+b,而不是a+(++b)。

(6) 自增、自减运算符常用于循环语句或指针变量,使循环控制变量加(或减)1,或使指针上移(或下移)一个位置。

2.3.2 关系运算符及其表达式

C语言中关系运算符及其含义和优先级如表2-5所示。

表2-5 关系运算符及其含义和优先级

运 算 符	含 义	优 先 级
>=	大于或等于	高
>	大于	
<=	小于或等于	
<	小于	
==	等于	低
!=	不等于	

说明：关系表达式的结果只有两个：真(值为1)和假(值为0),C语言中没有逻辑型数据。假如有

```
int a, b, c;
a = (5 > 0);
b = ((29 - 7) == (16 - 6));
c = ((29 - 7) == (16 + 6));
```

则变量a的值为1,变量b的值为0,变量c的值为1。

2.3.3 逻辑运算符及其表达式

C语言中逻辑运算符的含义和优先级如表2-6所示。

表2-6 逻辑运算符及其含义和优先级

<table>
<tr><th>运 算 符</th><th>含 义</th><th>优 先 级</th></tr>
<tr><td>!</td><td>逻辑非</td><td>高</td></tr>
<tr><td>&&</td><td>逻辑与</td><td>中</td></tr>
<tr><td>||</td><td>逻辑或</td><td>低</td></tr>
</table>

说明：逻辑表达式和关系表达式一样,结果只有两个：真(值为1)和假(值为0)。逻辑运算规则如表2-7所示。

表2-7 逻辑运算规则

<table>
<tr><th>A</th><th>B</th><th>A&&B</th><th>A||B</th><th>!A</th></tr>
<tr><td>真</td><td>真</td><td>真</td><td>真</td><td>假</td></tr>
<tr><td>真</td><td>假</td><td>假</td><td>真</td><td>假</td></tr>
<tr><td>假</td><td>假</td><td>假</td><td>假</td><td>真</td></tr>
<tr><td>假</td><td>真</td><td>假</td><td>真</td><td>真</td></tr>
</table>

说明：

(1) 表中的A和B均可以是其他关系表达式。

(2) 在 C 语言中，任何非 0 值均代表真，0 代表假。

(3) 逻辑运算存在逻辑短路现象，如果表达式结果已经确定，无论后面还有多少表达式，编译器都不会再计算，但会检查语法错误。

2.3.4 位运算符及其表达式

C 语言中，位运算是直接对变量的二进制按位进行操作。位运算只适合于整型和字符型，不适合于浮点型及其他数据类型。位运算的操作数只有两个：0 和 1，位运算符及其含义和优先级如表 2-8 所示。

表 2-8 位运算运算符及其含义和优先级

运 算 符	含 义	优 先 级
~	按位取反	高
<<	按位左移	中
>>	按位右移	
&	按位与	低
^	按位异或	低
|	按位或	低

位运算规则如表 2-9 所示。

表 2-9 位运算规则

A	B	A|B	A^B	A&B	~A	~B
1	1	1	0	1	0	0
1	0	1	1	0	0	1
0	0	0	0	0	1	1
0	1	1	1	0	1	0

2.3.5 条件运算符及其表达式

条件运算符是 C 语言中唯一的三目运算符，由问号“?”和冒号“:”组成，“三目”是指有三个操作数。

条件表达式的一般形式为

```
表达式 1 ? 表达式 2 : 表达式 3;
```

条件表达式的语法规则：当表达式 1 的值为真(1)时，其结果为表达式 2 的值；当表达式 1 的值为假(0)时，其结果为表达式 3 的值。

说明：表达式 1 通常是关系表达式或逻辑表达式。

2.3.6 逗号运算符及其表达式

逗号表达式的一般形式为

```
表达式 1, 表达式 2, …, 表达式 n;
```

逗号表达式的语法规则：从前向后，按顺序逐个计算各个表达式，先计算表达式 1，再计算表达式2,一直计算到表达式n,最后结果为表达式n的结果。

说明：变量说明和函数参数表中出现的逗号只是作为变量之间的间隔,不能构成逗号表达式。

2.3.7 求字节运算符

sizeof运算符是求字节数的运算符,它是一个单目运算符,用于返回某数据类型、变量或常量在内存中所占字节的长度。

sizeof运算符一般形式为

```
sizeof(数据类型名|变量名|常量)
```

2.3.8 数据类型转换

C语言中数据类型转换分为自动转换和强制转换两种。

自动类型转换规则：按数据长度增加的方向转换,将较短的数据类型值转换成较长的数据类型值,以保证数据精度不变。若两种类型字节数不同,转换成字节数高的类型。若两种类型字节数相同,但一种有符号,一种无符号,则转换成无符号的类型。

强制类型转换表达式：

```
(数据类型符) 表达式;
```

或

```
(数据类型符) 变量;
```

强制类型转换规则：将表达式或变量的值临时转换成小括号内指定的数据类型。但不改变其原来的数据类型。

2.3.9 运算符优先级及其结合性

C语言共有各类运算符44个,按优先级可分为11个类别15个优先级。15级最高,1级最低。一般情况下,程序优先计算优先级高的运算符组成的表达式,用小括号可以改变它们的运行顺序。运算符的优先级与运算结合性见表2-10。

表2-10 运算符优先级与运算的结合性

序号	类别	运算符	名称	优先级	结合性
1	小括号 下标 成员	() [] ->、.	强制类型转换、参数表 数组元素下标 结构或联合成员	15(最高)	自左向右
2	逻辑 位 算术自增、自减 指针 算术 长度	! ~ ++、-- &、* +、- sizeof	逻辑非(单目运算) 按位取反(单目运算) 自增1,自减1(单目运算) 取地址、取内容(单目运算) 正、负号(单目运算) 求字节运算(单目运算)	14	自右向左

续表

序号	类别	运算符	名称	优先级	结合性
3	算术	*、/、%	乘、除、模(取余)	13	自左向右
		+、-	加、减	12	
4	位	<< >>	按位左移 按位右移	11	
5	关系	>=、> <=、<	大于或等于、大于 小于或等于、小于	10	
		==、!=	相等、不等于	9	
6	位	&	按位与	8	
		^	按位异或	7	
		|	按位或	6	
7	逻辑	&&	逻辑与	5	
		||	逻辑或	4	
8	条件	?:	条件(三目运算)	3	自右向左
9	赋值	=	赋值	2	
10	自反赋值	+=、-= *=、/= %= &= ^= |= <<= >>=	加赋值、减赋值 乘赋值、除赋值 模赋值 按位与赋值 按位异或赋值 按位或赋值 按位左移赋值 按位右移赋值	2	
11	逗号	,	逗号运算符	1(最低)	自左向右

说明：

(1) 自反赋值运算符是一种简写方式，只适合于算术运算和位运算。例如，x*=y+7是x=x*(y+7)的简写，而不要错误写成x=x*y+7，因为自反运算优先级低。

(2) “=”为赋值运算符，左边只能是变量，不能是常量或表达式。例如，不能写成2=x；或x+y=a+b；。

(3) 一般而言，单目运算优先级比较高，赋值运算优先级比较低，逗号运算优先级最低，算术运算优先级高于关系运算和逻辑运算。在一个表达式中有多个优先级相同的运算时，则按照运算符的结合方向进行。

(4) C语言中运算符的结合性分为两种：左结合性(自左向右)和右结合性(自右向左)，多数运算符具有左结合性，单目运算、三目运算和赋值运算符具有右结合性。

例如：算术运算符是左结合性，表达式x+y-z相当于表达式(x+y)-z；赋值运算符是右结合性，表达式x=y=z相当于x=(y=z)。

(5) 建议在复杂表达式中使用小括号来明确表示运算的优先级。

(6) 一个等号“=”是赋值运算符，两个等号“==”是比较是否相等的关系运算符，使用时不要混淆，否则会有意想不到的效果。

2.3.10 表达式的书写规则

建议在复杂表达式中使用括号明确运算次序，表达式的书写规则如下。

(1) C语言表达式中的分界括号都是小括号，大括号和中括号有另外的用途和含义。

(2) 表达式中的乘号 * 不可省略，例如，2x+3y 必须写成 2 * x+3 * y。

(3) C语言中比较多个数值大小的表达式应该两两判断。例如，数学表达式 x<=y<=z，在C语言中应该写为 x<=y && y<=z，否则语法检测没有问题，但结果是错误的。

(4) 数学表达式中的一些符号，在C语言中应该使用数学函数，数学函数在 math.h 头文件中。例如，对 b^2-4ac 求平方根，在C语言中写为 sqrt(b * b-4 * a * c)。

2.4 输入/输出函数

C语言的输入和输出操作都是通过调用系统函数来实现的。常用的标准输入/输出函数有如下几种。

格式化输入/输出函数：scanf()/printf()。

字符输入/输出函数：getc()/putc()、getch()/putch()、getchar()/putchar()。

字符串输入/输出函数：gets()/puts()。

2.4.1 printf()函数

printf()是格式化输出函数，一般形式如图 2-2 所示。

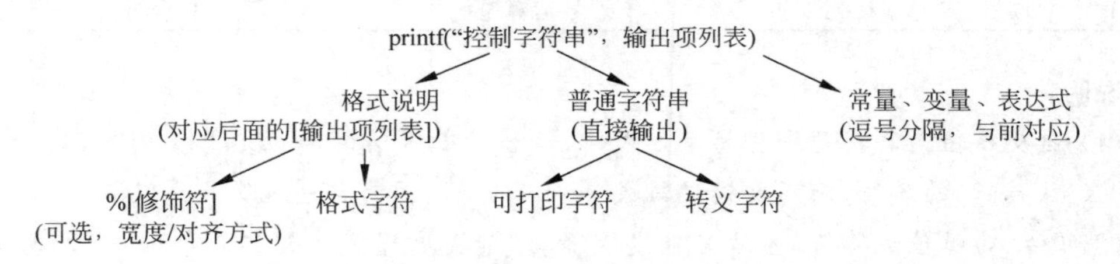

图 2-2 格式化输出函数一般形式

输出项列表的类型和个数必须与控制字符串中格式说明里的格式字符串的类型和个数相一致，有多个输出项时，各项之间用逗号分隔。

控制字符串中只有普通字符时，则不需要输出项列表。例如，printf("请输入一个整数\n");。

1. 格式说明

格式说明的一般形式为

```
%[修饰符]格式字符
```

常用格式字符如表 2-11 所示。

表 2-11　printf()函数输出格式字符

格式字符	含　义	格式字符	含　义
d	输出 int 型十进制带符号整数	Ld 或 ld	输出 long 型十进制带符号长整数
u	输出十进制无符号整数	Hd 或 hd	输出 shat 型十进制带符号短整数
o	输出八进制无符号整数	Lu 或 lu	输出十进制无符号长整数
x 或 X	输出十六进制无符号整数	Hu 或 hu	输出十进制无符号短整数
f	以小数形式输出 float 型单精度浮点数	c	输出 char 型单个字符
Lf 或 lf	以小数形式输出 double 型双精度浮点数	s	输出字符串
E 或 e	以科学记数法输出浮点数	p	指针类型,输出十六进制地址
G 或 g	按照 e 和 f 格式中较短的输出	%	输出百分号%

修饰符是可选的,常用修饰符如表 2-12 所示。

表 2-12　printf()函数修饰符

修饰符	格式说明	含　义
m	%md	以宽度 m 输出整数,不足 m 位时在前面补空格
0m	%0md	以宽度 m 输出整数,不足 m 位时在前面补数字 0
m. n	%m. nf	以宽度 m 输出浮点数,其中,小数为 n 位(默认 6 位),小数点占 1 位; 当 m 小于数字实际宽度时,整数按实际宽度输出,小数四舍五入进位; 如省略 m,只写. n,则不限制输出的数字长度,只限制保留 n 位小数
—	%-md %-m. nf	输出的数据左对齐,默认是右对齐。对齐只起到美观的作用,不会影响数据的值
#	%#o	#用于 o 和 x 前,输出的八进制前面加 o,十六进制前面加 ox
*	%*d	灵活控制宽度,用常量或变量定义宽度

2. 普通字符串

普通字符包括可打印字符和转义字符。可打印字符在显示器上原样显示,转义字符不可打印,是一些控制字符,控制产生特殊的输出效果。例如,常用转义字符'\n'表示回车换行,'\t'表示水平制表符。一般情况下,水平制表位的宽度是 8 个字符,'\t'表示移到下一个制表位的列上(8 的倍数+1)。

2.4.2　scanf()函数

scanf()函数是格式化输入函数,一般形式如图 2-3 所示。

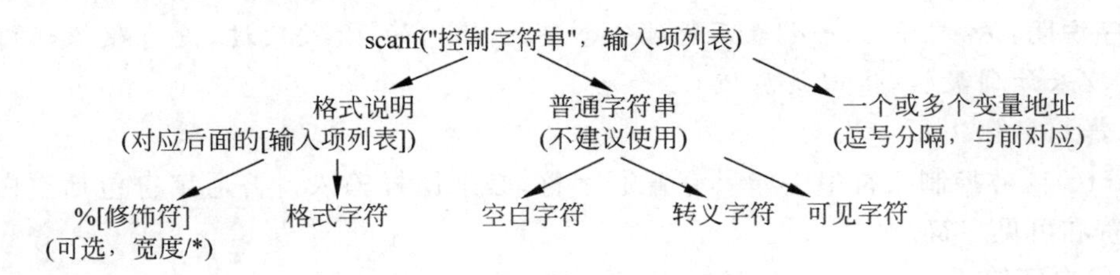

图 2-3　格式化输入函数一般形式

scanf()函数参数与 printf()函数类似,也包括两部分:控制字符串和输入项列表,但两部分都不可以省略。

输入项列表是地址,和 printf()函数的输出项列表有区别,变量名前面需要加地址符“&”,或者直接用数组名或指针表示地址。

控制字符串规定了数据的输入格式,和 printf()函数中写法相同。但 scan()函数中控制字符串不提倡加普通字符串,如果加入了普通字符串,在输入数据时就必须在键盘上原样输入。

1. 格式说明

格式说明的一般形式为

```
%[修饰符]格式字符
```

scan()函数中的格式字符与 printf()函数中的格式字符基本相同,见表 2-11。修饰符是可选的,包括字段宽度修饰符和 * 号,还有 l 和 h。字段宽度修饰符限制输入数据的有效范围,* 表示跳过相应的数据。

1）字段宽度

字段宽度修饰符用数字表示,其作用是限定输入数据的有效范围,超过这个范围则截断数据。

例如,有 scanf("%3d", &a);则变量 a 的宽度限定为 3 位,有效值范围为 −99～999。若超过宽度,系统会截断,只取前 3 位。

2）l 和 h

(L, l)和整数类型一起使用,表示长整型,和浮点型一起使用表示双精度浮点型。(H, h)和整数类型一起使用,表示短整型。

3）字符 *

* 的作用是跳过相应的数据。输入的数据不赋给变量。

【例 2-1】 分析程序运行结果,理解修饰符 * 的作用。

```
#include <stdio.h>
int main( )
{   int x = 0, y = 0, z = 0;                          //定义三个整型变量,都赋初值 0
    scanf("%d%*d%d", &x, &y, &z);                     //读入数据,%d是整数格式符,注意%*d
    printf("x = %d,y = %d,z = %d\n", x, y, z);//输出三个变量值
}
```

运行结果：

```
11 22 33
x = 11,y = 33,z = 0
```

程序说明：格式符"%*d"表示跳过一个整数,输入的 22 被跳过,没有赋给任何变量,y = 33,z 未读到数据,依旧是原值 0。

2. 普通字符

scanf()函数控制字符串中如果有普通字符,必须原样输入。普通字符包括空白字符、转义字符和可见字符。

1）空白字符

空格符(Space)、制表符(Tab)或换行符(Enter)都是空白字符,但它们的 ASCII 码是不一样的。

运行 scanf()函数时,默认用空格符、制表符和换行符三种符号作为每个输入值结束的

标志，以换行符作为此函数所有数据输入结束的标志。若输入的数据中含有字符型数据，需要做一些技术处理，否则有可能出错。

例如：

```
int a;     char ch;
scanf("%d%c", &a, &ch);
```

若输入：

```
64  q
```

结果为：

```
a = 64,  ch =
```

结果并不是：

```
a = 64, ch = q
```

若要让结果为：

```
ch = q,  a = 64
```

需要改为：

```
scanf("%d%*c%c", &a, &ch);
```

修改说明：使用"%*c"格式符跳过中间的空格，空格也是一个字符。

提示：*注意数值型和字符型数据的取值特点。若要同时输入这两种类型的数据，可先输入字符型数据，后输入数值型数据，以减少错误的发生。*

2）转义字符：\n、\t

转义字符属空白字符，对输入的数据一般不产生影响，但还是建议在scanf()控制字符串中不加入除格式符之外的任何字符。

3）可见字符

在scanf()控制字符串中加入了可见字符，如数字、字母、其他符号等，输入数据时不可以再使用空格符、制表符和换行符作分隔符，需要“原样输入”可见字符，否则会有不可预料的后果。

2.4.3 字符输出函数

表2-13列出几种常用的字符输出函数，其中，putchar()和putc()定义在stdio.h头文件中，putch()定义在conio.h头文件中。

表2-13 常用字符输出函数

函数原型	函数功能	返回值
int putc(int ch, FILE *stream)	将ch所对应字符输出到stream指定文件流中，stdout表示显示器，也可以输出到其他文件流中	成功：ch 失败：EOF
int putch(int ch)	将ch所对应字符输出到显示器	成功：ch 失败：EOF
int putchar(int ch)	将ch所对应字符输出到显示器	成功：ch 失败：EOF

putc(ch, stdout)、putch(ch)和 putchar(ch)中的参数 ch 必须是表示一个字符。可以是字符常量、字符变量和整型表达式,也可以是控制字符或转义字符,如 putch('\n')和 putchar('\\')都是合法的。

如果参数 ch 是整型表达式,要求其值在 0～127 范围内,输出的是该值作为十进制 ASCII 码对应的字符,例如,putc(97, stdout);、putch(98);、putchar(99); 分别输出小写字母 a、b、c。

2.4.4 字符输入函数

与字符输出函数相对应,表 2-14 列出几种常用的字符输入函数。其中,只有 getch()函数定义在 conio.h 头文件中,其他定义在 stdio.h 头文件中。

表 2-14 常用字符输入函数

函数原型	函数功能	返回值
int getc(FILE * stream);	从指定的输入流 stream 中读取字符,stdin 表示从键盘读入,也可以从其他输入流读入	成功:字符　失败:－1
int getch();	将键盘输入的字符放入缓冲区,输入的字符不显示在显示器上	成功:字符　失败:－1
int getchar();	将键盘输入的字符放入缓冲区,输入的字符会显示在显示器上,需按 Enter 键	成功:字符　失败:－1

getch()和 getchar()函数的功能都是从键盘读入一个字符,存到字符型变量中,不需要输入参数,它们的功能与 scanf()函数中%c 的功能相同,但也有所区别。使用字符输入函数需要注意以下几个方面。

(1) 字符输入函数一次只能接受一个字符,如果输入多个字符,只取第一个。

(2) 与 scanf()输入函数不同,字符输入函数将空格符、制表符、换行符也作为字符接收,而 scanf()函数把空格符、制表符、换行符作为输入数据的分隔符,不能读入。

(3) 使用 getch()函数输入字符后,输入的字符不会显示在显示器上,而使用 getchar()和 getc()输入,显示器上会显示输入的字符。

(4) getch()函数输入字符后,不用按 Enter 键,直接读入。而使用 getchar()和 getc()输入,会先将输入内容存入缓冲区,按 Enter 键结束输入之后再读入。

(5) 经常将字符输入函数与循环条件语句合并为一个语句,如例 2-2。

【例 2-2】 分析如下程序运行结果,了解 getchar()函数的用法。

```
#include <stdio.h>
int main( )
{   char ch;                            //定义字符型变量
    while ((ch = getchar( )) == '0')    //循环条件:输入的字符是 0 字符
      printf("#");                      //循环体语句
}
```

运行结果:

```
输入 1: 1230      输出 1:
输入 2: 0123      输出 2:#
输入 3: 00123     输出 3:##
```

程序说明：getchar()函数每次只能读入一个字符，读入后判断是否是字符 0，若是，则输出#号，再读下一个字符进行判断；若不是，则退出循环。

2.4.5 字符串输出函数

字符串输出函数 puts()的一般形式为：

```
int puts(字符串或字符数组);
```

作用：专门用于输出符串，将字符串或字符数组中存放的字符串输出到显示器上，一次只能输出一个字符串，输出遇到'\0'结束，并换行。

2.4.6 字符串输入函数

字符串输入函数 gets()的一般形式为：

```
gets(字符数组);
```

作用：专门用于读字符串，从键盘读入字符串(包括空格)，遇回车符结束，读入的内容存入字符数组。

说明：gets()函数可以用于读入带空格的字符串，一次只能读入一个字符串，必须确保输入的字符串长度(个数)小于字符数组大小。而 scanf()函数不能读入空格，它将空格作为字符串结束的标志。

2.5 程序示例

【例 2-3】 分析程序运行结果，理解自反运算结合性。

```
void main( )
{   char c; int n = 100; float f = 10; double x;          //定义四个变量,数据类型都不同
    x = f * = n /= (c = 50);                               //复合运算,自动进行类型转换
    printf (" %d, %f\n", n, x);
}
```

运行结果：

```
2, 20.000000
```

程序说明：自反运算结合性是自右向左，依次计算 c = 50；n = n/c = 100/50 = 2；f = f * n = 10 * 2 = 20；x = f = 20；输出整数 n = 2，x = 20。x 是浮点数，小数点后默认 6 个 0。

问题：如何设置 x 只输出两位小数？

【例 2-4】 分析程序运行结果，了解 scanf()函数中加普通字符的效果。

```
#include <stdio.h>
void main( )
{   int a, b;                            //定义两个整型变量
    printf("请输入:");                    //提示
    scanf("a = %d, b = %d", &a, &b);     //读入数据,格式符中有普通字符
```

```
    printf("a= %d, b= %d\n", a, b);
}
```

运行结果：

正确的输入:	错误的输入:
请输入:a=100,b=7890	请输入: 100 7890
a=100, b=7890	a= -858993460, b=858993460

程序说明：scanf()函数中的“a=”“,b=”是普通字符，输入数据时必须原样输入。再次提醒，在scanf()函数中尽量不要加普通字符。

【例2-5】 分析程序运行结果，了解gets()与scanf()函数读入字符串的效果区别。

```
#include <stdio.h>
int main( )
{   char a[10], b[10];                              //定义两个字符型数组,见第5章
    puts("请输入字符串1:");
    gets(a);             puts(a);                   // gets读入字符串,puts输出字符串
    printf("请输入字符串2:\n");
    scanf("%s", b);      printf("%s\n", b);         // scanf读入字符串,printf输出字符串
}
```

运行结果：

```
请输入字符串1:
how are you
how are you
请输入字符串2:
how are you
how
```

程序说明：用scanf()函数加%s格式符的形式读入字符串，无法读入空格，所以b数组中只读入how，而gets()函数可以读入带空格的字符串。

【例2-6】 分析程序，了解字符型和整型转换的问题。

```
#include <stdio.h>
void main( )
{
  int x = 'd';
  printf("%c\n", 'Y' - ( x - 'a' + 1));           //整型与字符型混合运算,按字符型输出
}
```

运行结果：

```
U
```

程序说明：x－'a'表示将变量x中的字符与字符a的ASCII码相减，结果等于3。字符Y减去4表示比大写Y的ASCII码小4的字符，就是大写字符U。

【例2-7】 分析程序，了解读入字符函数的用法。

```
#include <stdio.h>
void main( )
```

```
{   char c1, c2, c3, c4, c5, c6;                         //定义6个字符型变量
    printf("请输入:");
    scanf("%c%c%c%c",&c1,&c2,&c3,&c4);                 //读入4个字符
    c5 = getchar( );        c6 = getchar( );          //分两次,各读入一个字符
    putchar(c1);        putchar(c2);                  //分两次,各输出一个字符
    printf("%c%c\n", c5, c6);                         //输出2个字符
}
```

运行结果：

```
请输入: 123 45678
1245
```

程序说明：格式符%c表示读入字符型数据，每次只读一个字符。c1、c2、c3分别读入1、2和3，c4读入的是空格，c5和c6分别读入4和5。最后输出c1、c2、c5、c6。

提示：使用scanf()函数输入多个数值型数据时，可以默认用空格、Tab制表符和回车符分隔数据，但输入字符型数据时，这三个符号都会作为一个字符读入，不能作为分隔符。

【例2-8】 求三个整数的平均值的程序。

参考代码：

```
#include <stdio.h>
void main( )
{
    int a, b, c;                                  //定义三个整型变量
    float average;                                //定义一个单精度浮点型变量
    printf("请输入三个数:");                        //提示信息
    scanf("%d%d%d", &a, &b, &c);                  //读入三个整数
    average = (a + b + c) / 3.0;                  //计算平均数
    printf("平均分: %-7.2f\n", average);           //按格式输出平均数
}
```

运行结果：

```
请输入三个数: 67 98 85
平均分: 83.33
```

问题：

(1) 如果改为average = (a + b + c)/3;是什么结果？为什么要除以3.0？

(2) 输出格式符“%-7.2f”是什么意思？如果去掉负号“-”是什么效果？

2.6 常见错误

错误1：0x59dee42e (msvcr100d.dll)处有未经处理的异常：0xC0000005：写入位置0xcccccccc时发生访问冲突。

原因：可能scanf函数输入列表中未加地址符，将scanf("%d%d", &a, &b);错误地写成了scanf("%d%d", a, b);，这是初学者常犯的错误。

错误2：想输出变量的值，却输出一串很长的数字。

原因：可能printf语句中多加了地址符，将printf("%d%d", a, b);错误地写成

printf("%d%d", &a, &b);，输出了变量的地址。

错误 3：printf("%D", a);输出的不是变量 a 的值。

原因：格式符是小写字母，不可以大写，应该写为 printf("%d", a);。

错误 4：编译程序提示 fatal error C1004：unexpected end of file found。

原因：可能是大括号没有成对写。编程时最好成对写括号，然后在括号里面填写代码。

错误 5：Visual C++ 6.0 编译未出错，但连接错误提示为 LINK:fatal error LNK1168：cantnot open Debug.exe for writing。

原因：该程序在后台运行中，资源被占用，关掉运行窗口即可。或者将代码复制到一个新建文件中再运行。

错误 6：编译显示 error C2018：unknown character '0xa3'错误。

原因：可能有的括号、分号等标点符号写成了全角符号，是在拼音状态下输入的。全部改成半角英文状态的符号即可。

错误 7：编译显示 error C2137：empty character constant 错误。

原因：字符型常量是单引号括单个字符，不可以直接写一对单引号，里面没有字符。

错误 8：编译显示 error C2143：syntax error：missing ';' before 'type'错误，但定位的代码位置并不少分号。

原因：可能代码中先写了其他语句后定义的变量。Visual C++ 要求所有的变量定义都在其他语句之前。例如：printf("张三的第一个程序")；int x；是错误的，调整顺序，改为：int x；printf("张三的第一个程序")；是正确的。

实验 2 顺序结构练习 1

一、实验目的与要求

1. 熟悉 C 语言的基本数据类型。
2. 熟悉 C 语言运算符和表达式的正确使用。
3. 了解输入输出函数 scanf()、printf()的基本用法。
4. 能独立编写顺序结构程序并调试运行。

二、实验环境

Visual C++ 2010/Visual C++ 6.0。

三、实验内容及运行效果

1. 编程定义字符型变量，并设定一个字符初始值，输出其对应的 ASCII 码(ASCII 码表见附录 A)。

要点：理解字符型和整型可以互换，熟悉 printf()函数中字符型格式符。

2. 从键盘输入一个大写字母，要求转换成小写字母输出，并输出小写字母相邻的两个字母，以及它们的 ASCII 码。

要点：熟悉 scanf()函数的用法，熟悉字符型格式符。

3. 编程计算实心圆环的面积，已知外半径为 25cm，内半径为 15cm，要求圆周率用符号常量 PI 表示。

要点：初识符号常量。

拓展：修改上一题，两个半径值不是固定写在程序中，而是在程序运行时动态输入两个整数分别作为两个圆的半径，计算圆环面积。

要点：巩固 scanf()函数的用法。

实验 3　顺序结构练习 2

一、实验目的与要求

1. 熟悉 C 语言的基本数据类型的选择及对应的格式符。
2. 掌握 C 语言的运算符和表达式的正确使用，了解整数除法的规则。
3. 掌握基本的输入输出函数 scanf()、printf()的使用。
4. 要求代码中加注释，标明版权。

二、实验环境

Visual C++ 2010/Visual C++ 6.0。

三、实验内容及运行效果

1. 从键盘输入一个 3 位整数，输出该数的逆序数。例如：输入 789，输出 987。

提示：

(1) 定义一个变量保存输入的整数，再定义三个变量保存每一位的数字。

(2) 从键盘输入一个 3 位整数，存入定义好的变量中。

(3) 灵活运用运算符取出该数的每一位数字存入相应变量中。

(4) 重新组合成逆序的数字，并输出。

运行效果：

```
请输入一个 3 位数整数: 789
逆序数 = 987
```

拓展 1：自己修改程序，输入 4 位整数，输出该数的逆序。

2. 编程输入华氏温度 h，将其转换为摄氏温度 c 输出（摄氏温度＝5/9×（华氏温度－32））。

提示：

(1) 定义变量 h 和 c，分别存输入的华氏温度和转换后的摄氏温度，温度可以有小数，选适合的数据类型。

(2) 从键盘输入华氏温度，存入变量 h。

(3) 计算转换后的摄氏温度 c(注意 C 语言中整数相除的规则)，输出 c，保留 1 位小数。

运行效果：

```
请输入华氏温度: 70
摄氏温度为: 21.1
```

拓展 2：自行修改程序，输入摄氏温度，转换为华氏温度输出。

3. 编程输入 5 个整数，计算这 5 个数的平均数，并输出。

拓展 3：修改程序计算 5 个浮点数的平均数。

要点：数据类型的选择，熟悉对应的格式符。

第3章 分支结构

C语言中的分支结构有 if-else 结构和 switch 结构。if-else 是常用的双分支结构，switch 是多分支结构。

3.1 if-else 结构

3.1.1 if 单分支

if 单分支语法：

```
if(<表达式>)
{
    <语句块 A>
}
```

运行过程：先判断表达式的值是“真”还是“假”，是“真”则运行语句块 A，是“假”则什么都不运行。

流程图如图 3-1 所示。

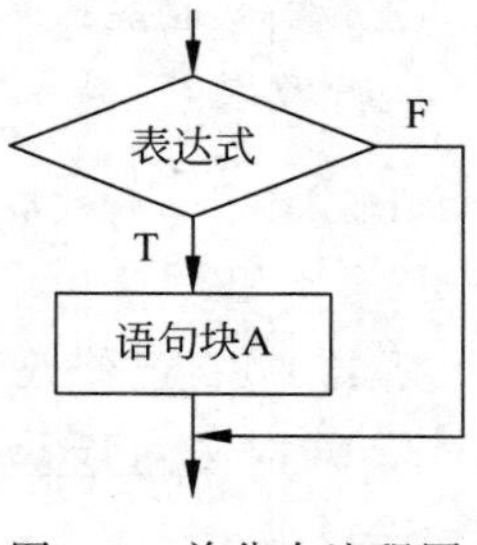

图 3-1 单分支流程图

说明：

(1) 表达式一般使用条件表达式或逻辑表达式，表达式必须用一对小括号()括起来。

(2) 语句块 A 中如果只有一条语句，可以省略一对大括号{}。

(3) 语句块 A 中如果有多条语句，却没有写大括号{}，则默认只有第一条语句属于分支结构。

3.1.2 if-else 双分支

if-else 双分支语法：

```
if(<表达式>)
{
    <语句块 A>
}
else
{
    <语句块 B>
}
```

运行过程：先判断表达式的值是“真”还是“假”，是“真”则运行语句块 A，是“假”则运行语句块 B，两个语句块只能选择一个运行。流程图如图 3-2 所示。

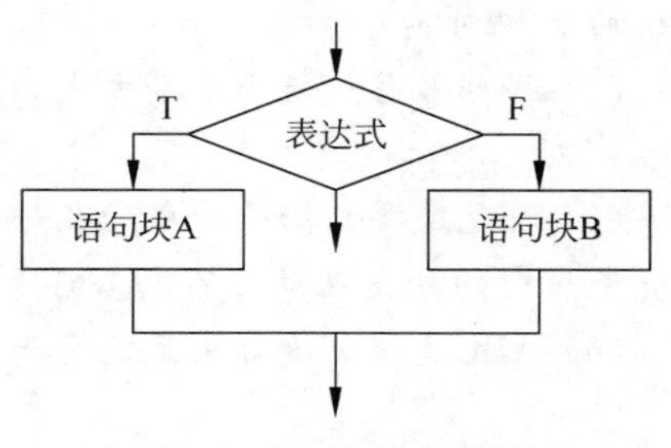

图 3-2　双分支流程图

说明：

(1) 不管是语句块 A 还是语句块 B，如果只有一条语句，都可以省略一对大括号{}。

(2) 再次说明，如果语句块中有多条语句，必须写大括号{}，否则可能出现逻辑错误。

3.1.3　if-else 嵌套

if-else 嵌套有两种语法，如表 3-1 所示。

表 3-1　if-else 嵌套语法

项目	第一种语法	第二种语法

语法	if(<表达式 1>)
	{
	if(<表达式 2>)
	{
	<语句块 A>
	}
	else
	{
	<语句块 B>
	}
	}
	else
	{
	if(<表达式 3>)
	{
	<语句块 C>
	}
	else
	{
	<语句块 D>
	}
	}
		if(<表达式 1>)
		{
		if(<表达式 2>)
		{
		<语句块 A>
		}
		else
		{
		<语句块 B>
		}
		}
		else if(<表达式 3>)
		{
		<语句块 C>
		}
		else
		{
		<语句块 D>
		}
		}

说明	else 与 if 都单独一行书写，注意每层语句缩进，以便清晰表示出层次对应关系	将 else 与 if 连写，可以不用多层缩进，但要自己分清 if-else 对应关系

两种语法的流程图是相同的，如图 3-3 所示。

说明：

(1) 不管是 if 分支还是 else 分支，都可以再嵌套 if 或 if-else 语句。

(2) 允许多层嵌套，但不建议层次太多，否则程序的可读性差，运行效率低。

(3) 多层嵌套要注意 if 与 else 的匹配关系，每个 else 总是与在它上面、距它最近且尚未匹配的if配对。

(4) 程序书写应采用缩进方式,将同一层的分支结构对齐,可以增加程序的美观性和可读性。

(5) 避免遗漏大括号造成的程序错误,建议先写好大括号,再编写其中的语句。对于只有一条语句的分支也最好不要省略大括号,避免出现不必要的逻辑错误。

(6) ABCD四个语句块只能有一个被运行。

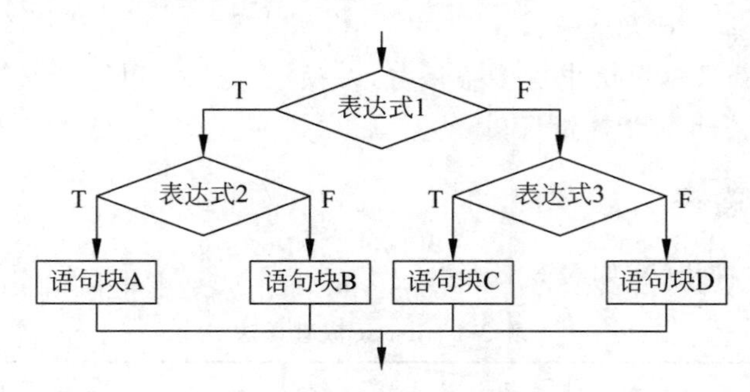

图3-3 嵌套多分支流程图

3.2 switch结构

switch语句是多分支语句结构,但不是所有多分支都能使用switch语句。

switch语法1:

```
switch(<表达式>)
{
    case <值 1>:语句块 1;
        break;
    case <值 2>:语句块 2;
        break;
    …
    case <值 n>:语句块 n;
        break;
    default:语句块 n + 1;
}
```

语法1流程图见图3-4。

switch语法2:

```
switch(<表达式>)
{
    case <值 1>:语句块 1;
    case <值 2>:语句块 2;
    …
    case <值 n>:语句块 n;
    default:语句块 n + 1;
}
```

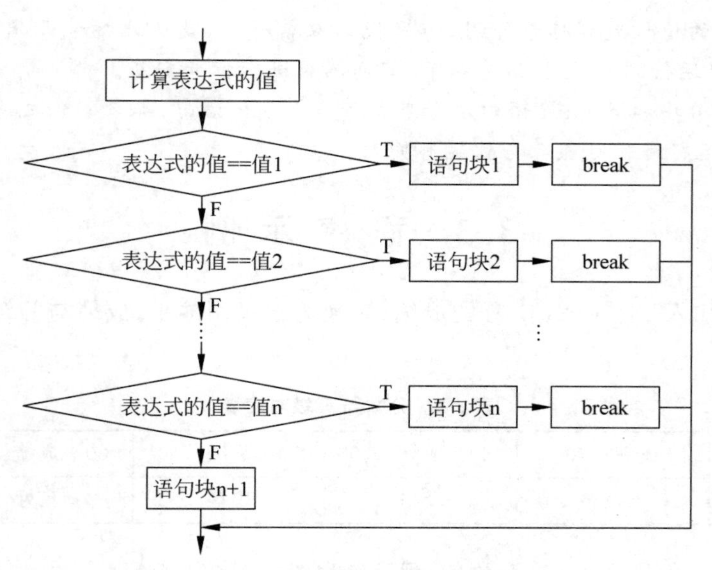

图 3-4　switch 分支流程图 1

语法 2 流程图见图 3-5。

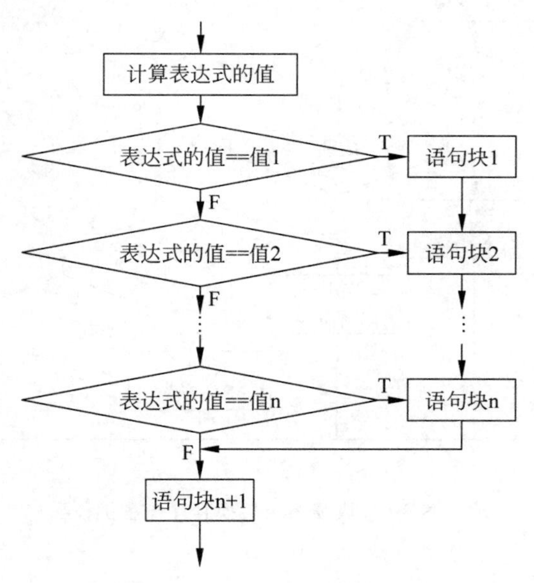

图 3-5　switch 分支流程图 2

说明：

(1) 语法 1 和语法 2 的区别在于 break 语句，有没有 break 语句运行效果明显不同。

(2) case 后的值必须是常量或常量表达式，不可以是变量。

(3) case 后的值必须是整型、字符型或枚举类型，不可以是浮点型或字符串。

(4) case 后的语句块可以是一条语句，也可以是多条语句，但是都不需要用大括号括起来。

(5) 值 1～值 n 必须各不相同，并且要与表达式计算结果的类型一致。

(6) case后的值仅起到标号作用，一旦找到入口标号，就从此标号开始运行，直到遇见break语句，或者运行到switch语句结束，其间不再进行标号判断。

(7) case语句块和default语句块如果都带有break语句，那么它们之间的顺序不影响运行结果，否则运行结果可能会与位置有关。

3.3 程序示例

【例3-1】 输入一个0～100分的成绩，转换为五级制输出，成绩与等级的对应关系如表3-2所示。

表3-2 分数与等级对应表

成绩	成绩<60	60≤成绩<70	70≤成绩<80	80≤成绩<90	成绩≥90
等级	不及格	及格	中等	良好	优秀

参考代码一(使用if-else嵌套语句，程序流程图如图3-6所示)。

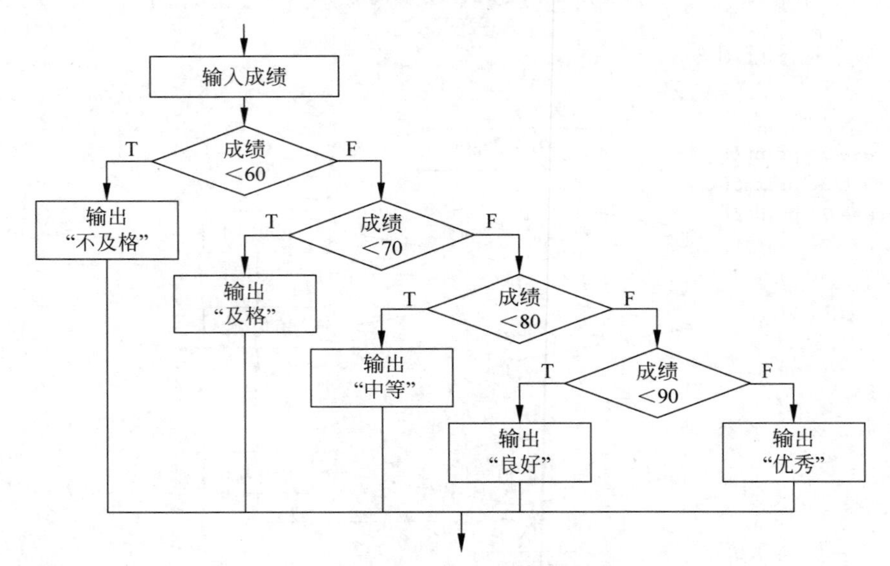

图3-6 成绩等级转换程序流程图

```
#include<stdio.h>
int main( )
{
  int grade;
  printf("请输入分数:");
  scanf("%d",&grade);
  if(grade<60)
        printf("不及格");
  else if(grade<70)
        printf("及格");
  else if(grade<80)
        printf("中等");
```

```
  else if(grade<90)
        printf("良好");
  else
        printf("优秀");
  getchar( ); getchar( );
}
```

第1次运行结果:
请输入分数: 100
优秀

第2次运行结果:
请输入分数: 78
中等

第3次运行结果:
请输入分数: 56
不及格

程序说明:成绩判断按照由低到高的顺序进行判断。

思考:为什么 else if (grade<70)不需要写成 else if (grade>=60 && grade<70)?

参考代码二(使用 switch 多分支语句):

```
#include<stdio.h>
int main( )
{
  int grade;
  printf("请输入一个百分制分数:");
  scanf("%d", &grade);
  switch(grade/10)                        //使用 switch 多分支语句,对 grade/10 的值判断
  {
    case 10:                              //100 分与 90 多分都是优秀,灵活利用 break 语句
    case 9: printf("优秀"); break;
    case 8: printf("良好"); break;
    case 7: printf("中等"); break;
    case 6: printf("及格"); break;
    default: printf("不及格");            //不及格涉及的值比较多,放在 default 中
  }
}
```

程序说明:

(1) 不是所有多分支都可以使用 switch 结构,case 后必须是具体的离散值,不可以是 grade>90 这样的区间。本题通过 grade/10 表达式,利用整数相除结果为整数的特性,将区间转换为具体值。

(2) 合理利用 break 语句的功能,100 分和 90 多分都是优秀,不需要写重复代码。

(3) 不及格涉及的值比较多,放到 default 中是个讨巧的方法。

参考代码三(使用 if-else 嵌套语句的第二种写法):

```
#include<stdio.h>
int main( )
{
  int grade;
  printf("请输入一个百分制分数:");
  scanf("%d",&grade);
  if (grade>=0 && grade<=100)                  //加入判断成绩是否为 0~100 的语句
  {
    if(grade>=90)                              //与参考代码一不同,此程序由高分到低分判断
        printf("优秀");
```

```
    else if(grade>=80)
        printf("良好");
    else if(grade>=70)
        printf("中等");
    else if(grade>=60)
        printf("及格");
    else
        printf("不及格");
  }
  else
      printf("成绩应该在0～100之间");
}
```

程序说明：

（1）不管是由高到低，还是由低到高，只要是有序的判断，就可以简写判断条件，如果无序就需要写完整的条件，比如写为：else if (grade>=80 && grade<90)。

（2）代码三与代码一同样省略了大括号{}，因为每个分支都是只有一条语句。

（3）代码三与代码一的流程图不同，自己尝试画流程图。

参考代码四（使用switch+if-else语句）：

```
#include<stdio.h>
int main( )
{
  int grade;
  printf("请输入一个百分制分数:");
  scanf("%d", &grade);
  if (grade>= 0 && grade<= 100)          //加入判断成绩是否为0～100的语句
  {
    switch(grade/10)                     //使用switch多分支语句,对grade/10的值判断
    {
    case 10:
    case 9: printf("优秀"); break;
    case 8: printf("良好"); break;
    case 7: printf("中等"); break;
    case 6: printf("及格"); break;
    default: printf("不及格");            //default分支没有break语句,只能放在最后
    }
  }
  else
      printf("成绩应该在0～100之间");     //输入分数不符合,直接退出
}
```

程序说明：

（1）switch结构和if-else结构经常配合一起使用，此程序在if-else中嵌入switch结构，先用if-else判断分数是否有效，再对有效值判断等级。

（2）也可以在switch结构的某个case分支中嵌入if-else结构。

（3）如果default分支也有break语句，则default分支可以放在任意位置。

3.4 常见错误

错误 1：error C2181：illegal else without matching if(没有匹配 if 的非法 else)。

原因 1：可能 if 分支有多条语句，却没有用大括号{}括起来。

解决办法：将该 else 前面的 if 分支所有语句用大括号{}括起来。建议即使分支中只有一条语句也不省略大括号。

原因 2：可能 if 语句后多了分号，写成了 if(grade＜60)；。

解决办法：去掉分号，正确写法为 if(grade＜60)。

错误 2：error C2061：syntax error(语法错误)，双击错误信息定位到 if 语句。

原因：可能 if 后面的条件没有用小括号()括起来。

解决办法：将 if 语句后面的所有条件都用小括号()括起来。建议先写好一对括号再向括号里填内容。

错误 3：switch 结构关键字书写都正确，编译时却显示一堆错误。

原因 1：可能 switch 后面的条件缺少小括号()，错误示例：switch grade/10。

解决办法：将 switch 语句后面的所有条件都用小括号()括起来。语句修改为 switch (grade/10)正确。

原因 2：可能 switch 后面的条件多了分号，例如写成 switch (grade/10)；。

解决办法：去掉分号，正确写法为 switch (grade/10)。

错误 4：switch 结构中漏掉了 break，造成运行结果错误。

解决办法：在需要退出的地方都加上 break。

错误 5：关系表达式中用错＝和＝＝，一个等号＝是赋值，两个等号＝＝才是比较相等。

解决办法：写完程序要运行检测结果是否正确。

错误 6：复合条件弄错了运算符的优先级。

解决办法：复合条件中加入小括号()，明确优先级。

错误 7：if-else 匹配错误。

解决办法：尽量不省略语句块的大括号，让代码更清晰。每个 else 总是与在它上面、距它最近、且尚未匹配的 if 配对。

实验 4 分支结构练习 1

一、实验目的与要求

1. 掌握 C 语言逻辑值的表示方法(0 表示假，1 表示真)。
2. 学会正确使用关系表达式和逻辑表达式。
3. 掌握各种形式 if 语句语法和使用方法。注意 if 嵌套语句中 if 和 else 的匹配关系。
4. 用 if 语句解决简单的应用问题并上机实现。

二、实验环境

Visual C++ 2010/Visual C++ 6.0。

三、实验内容

1. 编程读入三个整数分别表示箱子的长、宽、高，判断并输出该箱子是正方体还是长方体。

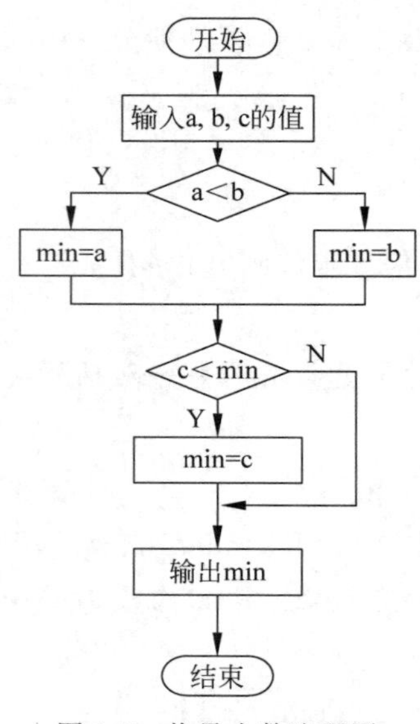

图 3-7　找最小数流程图

提示：判断三个值是否相等需要两两判断，然后进行逻辑运算。

2. 计算表达式$(b+\sqrt{b\times b+2a})/(a-b)$的值，其中，a，b从键盘输入。注意，如果分母等于0，则结果为0。

提示：

(1) 所有变量均定义为双精度浮点数。

(2) 输入数据前显示器上要有提示。

(3) 计算平方根需要用sqrt()函数，该函数在math.h头文件中。

(4) 输出结果保留一位小数。

3. 找最小数：参照如图3-7所示流程图，编写程序输入三个整数，找出最小数并打印输出。

拓展1：请用另外的算法实现第3题程序。

拓展2：编写程序输入三个整数x，y，z，把这三个数由小到大输出。（不是找最小值）

实验5　分支结构练习2

一、实验目的与要求

1. 掌握switch语句语法和使用方法。
2. 掌握switch语句中的break的用法及switch语句的嵌套。
3. 能够用if语句、switch语句解决简单的应用问题并上机实现。

二、实验环境

Visual C++ 2010 / Visual C++ 6.0。

三、实验内容

1. 用switch语句模拟简单的计算器，进行整数的加减乘除四则运算，输入一个表达式，输出表达式的计算结果。例如，输入3*5，输出3*5=15，特殊处理除法，商保留两位小数。

运行效果：

```
请输入表达式:6*9
6*9=54
请输入表达式:17/3
17/3=5.67
```

2. 将第1题改为用if-else实现加减乘除四则运算计算器，比较两个程序的区别，哪一个容易读懂？考虑是否所有程序都可以用两种方法实现。

3. 输入一个时间(整数),时间为 6～10 点,输出“上午好”,时间为 11～13 点,输出“中午好”,时间为 14～18 点,输出“下午好”,其他时间输出“休息时间”。请用 if-else 和 switch 结构分别实现,比较哪一个更好。

运行效果:

```
请输入整数时间: 7
上午好!
请输入整数时间: 12
中午好!
请输入整数时间: 15
下午好!
请输入整数时间: 19
休息时间!
```

拓展:用整数 1～12 表示 1～12 月,由键盘输入一个月份数,输出对应的季节英文名称(12～2 月为冬季,3～5 月为春节,6～8 月为夏季,9～11 月为春季)。要求用 if-else 和 switch 结构分别实现。

第4章 循环结构

C 语言提供了三种循环结构：for 循环、while 循环和 do-while 循环。

4.1 for 循环结构

for 循环的一般形式：

```
for(<初始表达式>; <条件表达式>; <循环变量表达式>)
  {
      <循环体语句>
  }
```

运行过程：

(1) 运行初始表达式。

(2) 运行条件表达式,如果条件表达式为真,则运行循环体语句,否则跳出 for 循环,运行循环结构外的语句。

(3) 循环体语句运行结束之后,运行循环变量表达式,更新循环变量。

(4) 跳至步骤(2),直到条件表达式为假。

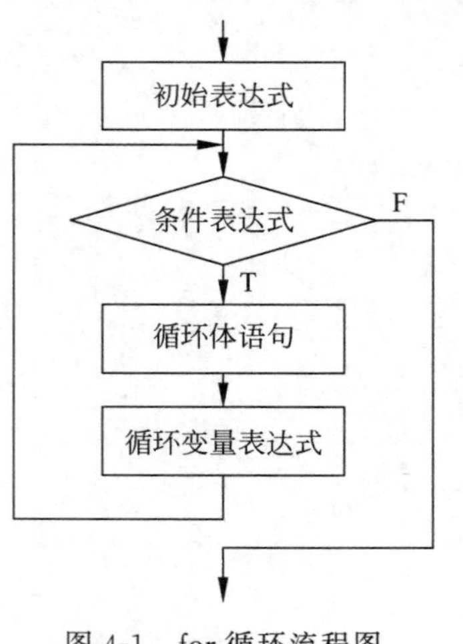

图 4-1 for 循环流程图

for 循环流程图如图 4-1 所示。

说明：

(1) for 语句后面有三个表达式,必须用小括号将其整个括起来。

(2) 三个表达式用两个分号隔开,表达式可以省略,但两个分号不可以省略,for(;;)写法是正确的。

(3) 三个表达式如果有省略,必须在其他地方有完成相应功能的语句,初始表达式的功能是赋初值,可以在循环体之前完成,条件表达式决定循环结束的条件,循环变量表达式可以使循环一步步接近结束条件,避免出现死循环。

(4) 循环体语句如果只有一条语句,可以省略大括号,如果有多条语句,必须加上大括号括起来。

4.2 while 循环结构

while 循环的一般形式：

```
while(<条件表达式>)
```

```
{
    <循环体语句>;
    <循环变量表达式>;
}
```

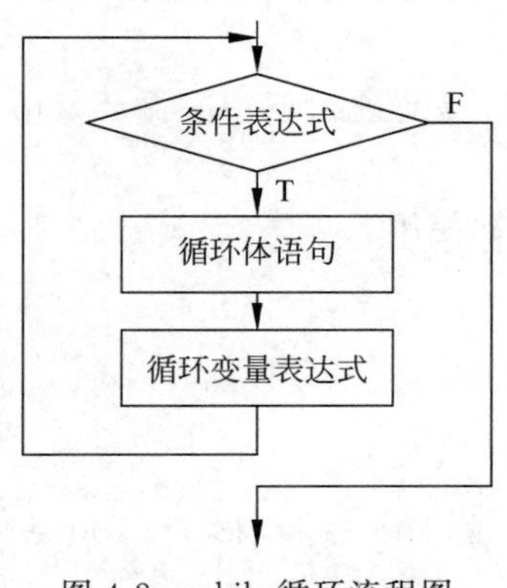

图 4-2　while 循环流程图

运行过程：

(1) 运行条件表达式，判断表达式的值是真还是假，“真”则运行大括号里面的内容，“假”则退出循环。

(2) 重复(1)的过程，直到条件为假，退出循环。

while 循环流程图如图 4-2 所示。

说明：

(1) 条件表达式外面的一对小括号不可以省略。

(2) 如果循环体语句没有大括号，表示只有第一条语句属于循环体。

(3) 循环变量表达式的作用是改变循环变量的值，使循环最终能结束，不可以出现死循环。

(4) while(条件表达式)；表示循环体只有一条空语句，因为后面直接加了分号。

4.3　do-while 循环结构

do-while 循环的一般形式：

```
do
{
    <循环体语句>;
    <循环变量表达式>;
} while(<条件表达式>);
```

运行过程：

(1) 运行循环体语句。

(2) 运行条件表达式，判断表达式的值是真还是假，“真”则重复(1)，“假”则退出循环。

do-while 循环流程图如图 4-3 所示。

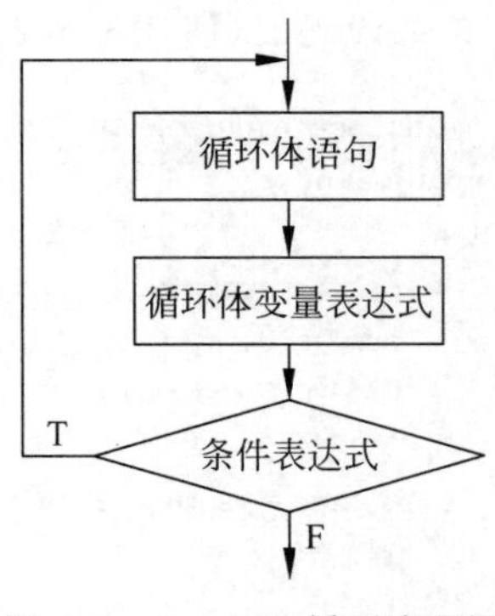

图 4-3　do-while 循环流程图

说明：

(1) do-while 循环不管条件表达式是“真”还是“假”，至少运行一次循环体语句，而 for 循环和 while 循环的循环体语句有可能一次都不运行。

(2) do-while 循环用分号结束，结尾 while(条件表达式)；的分号必须写。

(3) do-while 循环和 while 循环都是在循环语句之前先赋初值。

(4) while 循环和 for 循环流程图完全一样，与 do-while 循环不同。

4.4 break 与 continue

break 语句既可用在 switch 分支结构中，也可用在循环结构中，用于跳出循环或跳出 switch 结构。

continue 语句只能用在循环结构中，表示终止当前循环，提前进入下一次循环。for 循环中遇到 continue 语句，会转去运行循环变量表达式。

break 和 continue 语句在循环结构中，总是与 if 语句一起使用。

4.5 程序示例

【例 4-1】 编写程序，计算 1＋2＋3＋…＋100 的和。

分析：这是典型的循环问题，解题思路是：定义一个变量 sum 存和，把 1～100 共 100 个数依次累加到 sum 中。流程图如图 4-4 所示。

参考代码一(使用 for 循环)：

```
#include <stdio.h>
void main( )
{
    int i, sum;                               //i 为循环变量,sum 存放和
    sum = 0;
    for(i = 1; i <= 100; i++)                 //循环 100 次
      sum = sum + i;                          //运行 100 次
    printf("1 + 2 + 3 + … + 100 = %d\n", sum);  //运行 1 次
}
```

运行结果：

```
1 + 2 + 3 + ... + 100 = 5050
```

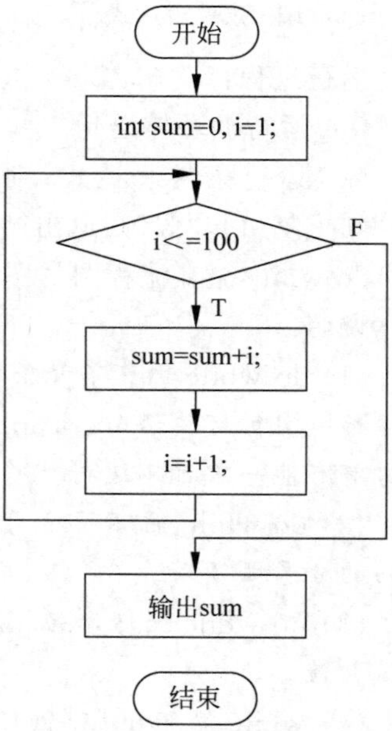

参考代码二(使用 while 循环)：

```
#include <stdio.h>
void main( )
{
    int i, sum;
    sum = 0; i = 1;
    while (i <= 100)
    {
      sum = sum + i;
      i++;
    }
    printf("1 + 2 + 3 + ... + 100 = %d\n", sum);
}
```

参考代码三(使用 do-while 循环)：

```
#include <stdio.h>
```

开始
int sum=0, i=1;
i<=100
F
T
sum=sum+i;
i=i+1;
输出sum
结束

图 4-4 求和流程图

```
void main( )
{
    int i, sum;
    sum = 0; i = 1;
    do
    {
        sum = sum + i;
        i++;
    }while (i <= 100) ;
    printf("1 + 2 + 3 + ... + 100 = %d\n", sum);
}
```

程序说明：多数情况下，for 循环和 while、do-while 是可以互换的。for 循环通常适合于循环次数确定的情况，本题用 for 循环语句最简单。

【例 4-2】 编写程序，解决鸡兔同笼的问题。已知一只鸡有一个头两只脚，一只兔有一个头四只脚，现笼中有 30 个头，88 只脚，求鸡和兔子各有多少只。

分析：用穷举法，对鸡和兔子的每一种可能取值，计算是否符合 30 个头，88 只脚的条件。鸡可能的只数是 0～30，兔可能的只数是 0～22(88/4)，使用两层 for 循环嵌套。

参考代码：

```
#include <stdio.h>
void main( )
{
    int x, y;                                //x 表示鸡的个数，y 表示兔的只数
    for(x = 0; x <= 30; x++)                 //鸡的数量，可能为 0～30 只
    {
        for(y = 0; y <= 22; y++)             //兔的数量，可能为 0～22 只
        {
            if(x + y == 30 && 2 * x + 4 * y == 88)  //判断头数、脚数符合条件
                printf("鸡有 %d 只，兔有 %d 只\n", x, y);
        }
    }
}
```

运行结果：

```
鸡有 16 只，兔有 14 只
```

【例 4-3】 输出 100～200 的所有素数，要求每行输出 10 个素数，并统计出总共素数的个数。

分析：所谓素数，就是除了 1 和它本身之外没有其他约数的数。可以用该数循环去除 2 到该数 1/2 的数，只要有一个能整除，就表明该数不是素数，反之是素数。判断多个数是否素数，需要两重循环。

参考代码：

```
#include <stdio.h>
void main( )
{
  int gs = 0;                          //记录素数的个数
```

```
    int i, j;                          //两重循环变量
    int bz;                            //标志,初值 0,不是素数赋值 1
    for(i = 100; i <= 200; i++)        //外层循环,用变量 i 遍历所有数
    {
    bz = 0;                            //注意:对每一个外层循环都要将 bz 置 0
    for(j = 2; j <= i/2; j++)          //内层循环,判断 i 能否被 2~i/2 整除
    {
        if(i % j == 0)                 //能整除表示不是素数
        { bz = 1;break;}               //bz 置 1, 退出内层循环
    }
    if(bz == 0)                        //bz 未被置 1,表示是素数
    {
      printf("%d\t", i);               //输出该数
      gs++;                            //素数个数 + 1
      if(gs % 10 == 0)                 //判断 10 个数换一行
        printf("\n");
      }
    }
    printf("\t 一共有素数: %d 个\n", gs);
}
```

运行结果:

```
101     103     107     109     113     127     131     137     139     149
151     157     163     167     173     179     181     191     193     197
199             一共有素数: 21 个
```

程序说明:

(1) break 只能退出内层循环,继续运行外层循环体中后续的语句。

(2) 每一次外层循环开始,都要赋值 bz = 0,赋值 100 次,如果不这样赋值会是什么效果? 修改程序试试看。

(3) 计数的变量 gs 只需一次赋初值为 0,在循环体内累加。

4.6 常见错误

错误 1: 如果例 4-1 参考代码一循环语句写成 for(i=1;i<=100;i++);,程序也能顺利运行,但运行结果是 101,而不是 5050,程序错在哪里?

原因: for 语句后面直接加分号,表示循环体内只有一条空语句,sum=sum+i; 不是循环体语句,只在循环结束运行一次,将 i=101 加入 sum。

解决办法: 去掉多余分号。

错误 2: 如果例 4-1 参考代码二循环语句写成 while (i<=100) ; ,程序也能运行,但一直不出现运行结果,程序错在哪里?

原因: while 语句后多了分号,表示循环体内只有一条空语句,sum=sum+i; 和 i++; 都不是循环体语句。所以 i 值一直没有改变,永远满足(i<=100),形成死循环。

解决办法: 去掉多余分号。

错误 3: for 循环语句编译错误 error C2143:syntax error:missing ';' before ')',双击错

误信息定位到 for(i=1，i<=100，i++)。

原因：for 语句中三个表达式用分号分隔，而不能用逗号分隔。

解决办法：for(i=1，i<=100，i++) 修改为 for(i=1;i<=100;i++)，用分号分隔三个表达式。

错误 4：循环语句中没有改变循环变量的值，造成死循环（一直是运行界面，不结束）。

解决办法：for 循环中循环变量表达式尽量不要省略。while 循环和 do-while 循环的循环体语句中一定要有修改循环变量值的语句。

错误 5：没有给变量赋初值，造成程序运行结果错误。如果例 4-3 中没有 gs=0 和 bz=0 的语句会是什么运行结果？自己检测一下。

解决办法：程序写好后要运行调试检验效果。

实验 6 循环结构练习

一、实验目的与要求

1. 熟悉 for 循环、while 循环的用法。

2. 了解两种循环的区别和转换。

二、实验环境

Visual C++ 2010/Visual C++ 6.0。

三、实验内容

1. 编写计算 n! 的程序，n 从键盘输入，用 for 循环和 while 循环分别实现。

运行效果：

```
请输入整数 n: 6
720
```

提示：注意存阶乘变量的数据类型和取值范围。

2. 求所有四叶玫瑰数。四叶玫瑰数是一个四位自然数，该数各位的四次方之和等于该数本身，例如：$1634=1^4+6^4+3^4+4^4$，用 for 循环和 while 循环分别实现。

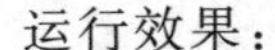

运行效果：

```
四叶玫瑰数:
1634    8208    9474
```

3. 从键盘输入若干学生成绩，每输入一个成绩都提示这是第几名学生，当输入负数时结束，统计并输出平均成绩。用 while 或 for 循环实现。

运行效果：

```
第 1 名学生成绩: 89
第 2 名学生成绩: 90
第 3 名学生成绩: 67
第 4 名学生成绩: 66
第 5 名学生成绩: 34
第 6 名学生成绩: -3
平均分=69
```

拓展：从键盘输入若干学生成绩，每输入一个成绩都提示这是第几名学生，当输入负数时结束，统计并输出学生人数、最高分、最低分和平均分。

运行效果：

```
第 1 名学生成绩: 90
第 2 名学生成绩: 88
第 3 名学生成绩: 67
第 4 名学生成绩: 56
第 5 名学生成绩: -1
人数 = 4,max = 90,min = 56,pjf = 75
```

实验 7 综合练习

一、实验目的与要求

1. 熟练掌握三种循环 for、while、do-while 循环的用法和区别。
2. 掌握循环嵌套的使用。
3. 掌握如何在循环语句中使用 break 语句。

二、实验环境

Visual C++ 2010/Visual C++ 6.0。

三、实验内容

1. 改写计算 n! 的程序，用 do-while 循环实现，比较与 for 循环、while 循环的区别。

运行效果：

```
请输入整数 n: 6
720
```

提示：注意存阶乘变量的数据类型和取值范围。

2. 找出整数的所有因子，整数由键盘输入，因子是指除了 1 和它本身之外可以整除的数，如 6 的因子为 2，3。

要点：熟悉 break 语句的使用。

3. 用双重 for 循环打印星号三角形，行数由键盘输入的整数决定。

运行效果：

```
输入行数: 6
* * * * * *
* * * * *
* * * *
* * *
* *
*
```

拓展 1：修改打印 * 号图案的程序，用双重 for 循环打印数字三角形，行数同样由键盘输入。

运行效果：

```
输入行数: 6      输入行数: 6
111111           123456
22222            12345
3333             1234
444              123
55               12
6                1
```

提示：分清两级循环变量哪个代表行号，哪个代表列号。

拓展2：打印如下星号图案。

```
输入行数: 6              输入行数: 6
* * * * * * * * * * *    *
  * * * * * * * * *      * *
    * * * * * * *        * * *
      * * * * *          * * * *
        * * *            * * * * *
          *              * * * * * *
                         * * * * *
                         * * * *
                         * * *
                         * *
                         *
```

提示：寻找图形的规律，也可以把图形分成左右或上下两部分。

第5章　数　组

数组可以看作是相同类型变量的集合,数组元素在内存中连续存储,数组名代表数组的首地址。数组的大小必须在定义时确定,程序中不可更改。

5.1　一维数组

5.1.1　一维数组的定义和初始化

一维数组的定义格式:

```
[static]数据类型 数组名[数组大小] [ = {初值列表}];
```

例1:

```
float cj[10];
```

数组名为cj,有10个元素,分别为cj[0]~cj[9],相当于同时定义了10个单精度浮点型变量,变量未赋初值。

例2:

```
int a[5] = {1,2,3,4,5};
```

或:

```
int a[] = {1,2,3,4,5};
```

定义5个元素的整型数组a,初始化a[0]=1,a[1]= 2,a[2]=3,a[3]= 4,a[4]=5。如果定义数组时省略数组的大小,则以初始化列表中初值的个数作为数组大小。

例3:

```
int b[10] = {1,2,3,4,5};
```

定义10个元素的整型数组b,初始化b[0]~b[4]为1~5,没有初值的5个元素b[5]~b[9]自动赋以随机数,大概率为0。

例4:

```
static int b[10] = {1,2,3,4,5};
```

定义static静态数组,没有初值的整型元素自动赋初值0,字符型则自动赋初值NULL,不再是赋值随机数。

例 5：

```
char x[5] = {'h','e','l','l','o'};
```

定义 5 个元素的字符型数组 x,字符型加单引号引一个字符,数值型直接写数字,不加引号。

说明：

(1) 定义中,数组大小必须是常量或常量表达式,不可以是变量。

(2) 数组在内存中连续存放,占用的空间是每一个元素占用空间的和。

5.1.2 一维数组的使用

引用一维数组元素的方式：

```
数组名[元素编号]
```

说明：

(1) 数组下标是从 0 开始的整数,不是从 1 开始。

(2) C 语言对数组下标不做越界检查,使用时自行管理。如定义 int a[5],则数组元素最大是 a[4],a[5]就越界了。

(3) 数组不能整体输入和输出,只能对其数组元素进行输入和输出(字符型数组字符串除外)。

(4) 使用数组元素时,下标不仅可以是整型常量或常量表达式,还可以是整型变量或变量表达式,只要表达式计算结果是整数,并且不越界即可。例如：a[2>3]相当于 a[0]。

(5) 数组元素和普通变量一样使用。

(6) 给数组元素赋值和输出,经常用到 for 循环。

(7) 数组元素在内存中连续存储,用 sizeof 运算符可以计算一个数组元素或整个数组所占内存空间大小。表达式 sizeof(数组名)/sizeof(数组元素类型|任意数组元素名)可以计算出数组的长度。例如,将数组 b 的全部元素置为 0,可以写成：

```
for(i = 0; i < sizeof(b) / sizeof(b[0]); i++)
    b[i] = 0;
```

5.2 二维数组

存一门课的成绩用一维数组,存多门课的成绩则需要用二维数组。一维数组类似于电影院的一排座位,二维数组类似于电影院的多排座位。

5.2.1 二维数组的定义

二维数组的定义格式：

```
[static]数据类型 数组名[一维数组个数][一维数组长度]
```

相当于：

```
[static]数据类型 数组名[矩阵行数][矩阵列数]
```

例如：

```
int m[3][5];
```

定义了二维数组 m，相当于定义了 3 行 5 列共 15 个整型变量，效果如图 5-1 所示，二维数组行、列下标都是从 0 开始。内存中没有二维的概念，存放顺序是先行后列，先存储第一行 m[0][0]、m[0][1]、…，最后存储 m[2][4]，数组元素连续存放。

m[0][0]	m[0][1]	m[0][2]	m[0][3]	m[0][4]
m[1][0]	m[1][1]	m[1][2]	m[1][3]	m[1][4]
m[2][0]	m[2][1]	m[2][2]	m[2][3]	m[2][4]

图 5-1　二维数组 m[3][5]示意

5.2.2　二维数组的初始化

二维数组初始化格式：

```
[static]数据类型 数组名[矩阵行数][矩阵列数][ = {初值列表}];
```

例 1：

```
int m[3][2] = {{1, 2}, {3, 4}, {5, 6}};
```

这是分行赋值法，相当于嵌套了多行一维数组，每一行的初值用第二层大括号括起来。赋值结果：m[0][0]=1，m[0][1]= 2，m[1][0]=3，m[1][1]=4，m[2][0]=5，m[2][1]=6。

例 2：

```
int m[3][2] = {1, 2, 3, 4, 5, 6};
```

这是顺序赋值法，赋值结果与例 1 相同。

例 3：

```
int m[ ][2] = {1, 2, 3, 4, 5, 6};
```

定义二维数组时，如果给出了初值列表，则可以省略行下标，但不可以省略列下标。赋值结果与例 1 相同，根据初值数量决定行数。

例 4：

```
int m[3][4] = {{1, 2, 3}, {2, 3, 4, 5}};
```

如果初始化式子没有足够初值，那么其他元素自动赋以随机数，大概率为 0。赋值结果如图 5-2 所示。

m[0][0] = 1	m[0][1] = 2	m[0][2] = 3	m[0][3] = 0
m[1][0] = 2	m[1][1] = 3	m[1][2] = 4	m[1][3] = 5
m[2][0] = 0	m[2][1] = 0	m[2][2] = 0	m[2][3] = 0

图 5-2　二维数组 m[3][4]赋值示意

例 5：

```
static int m[3][4] = {1, 2};
```

static 静态整型数组，所有元素自动赋初值 0，赋值结果：m[0][0]=1，m[0][1]=2，其他元素 m[0][2]，m[1][0]～m[2][3]都是 0。

例 6：

```
int m[3][4] = {{1, 2},{},{3,4}};
```

只给第 1 和第 3 行前两个元素赋初值，第 2 行未赋值。

5.2.3 二维数组的使用

引用二维数组元素的方式：

```
数组名[行元素编号][列元素编号]
```

说明：

(1) 数组行、列下标是从 0 开始的整数，数组 int m[3][4]最小下标元素是 m[0][0]，最大下标元素是 m[2][3]。

(2) 数组经常用到 for 循环，一维数组用一层 for 循环，二维数组用两层 for 循环。

(3) 二维数组元素 m[2][3]不可以写为 m[2,3]，否则会按照逗号表达式的规则等价于 m[3]。

5.3 字符型数组

字符型数组可以是一维数组，也可以是二维数组，特殊性在于 C 语言没有字符串类型，字符串存在字符型数组中，需要预留一字节存储'\0'(空字符 NULL)，标识字符串结束。

字符型数组存字符串时可以整体输入和输出，一维数组可以存一个字符串，二维数组可以存多个字符串，数组名代表字符串的首地址。

5.3.1 字符型数组的定义和初始化

一维数组：

```
char 数组名[数组大小] [ = {初值列表}];
```

二维数组：

```
char 数组名[矩阵行数][矩阵列数][ = {初值列表}];
```

例 1：

```
char word[6] = "Hello";
```

为字符型数组初始化字符串时可以省略大括号，直接用双引号括起来字符串。与 char word[6] ={"Hello"};效果一样。

例 2：

```
char word[6] = {'H', 'e', 'l', 'l', 'o','\0'};
```

以一般数组的形式初始化字符串，后面加上字符'\0'就表示存入的是字符串。

例 3：

```
char word[ ] = "Hello";
```

定义字符型数组时没有指定大小，则根据初值确定大小，初值中有 5 个字符再加上字符串结束标志'\0'，则数组 word 长度为 6，同例 1、例 2 效果一样。

例 4：

```
char word[6] = {'H', 'e', 'l', 'l', 'o'};
```

此数组存入 5 个字符，后面没加字符'\0'，不是字符串，不能整体输入和输出，在程序中需要单个元素使用。

例 5：

```
char word[5] = "Hello";
```

越界异常，因为无处存储字符'\0'。

例 6：

```
char a[3][10] = {{"china"},{" is "},{"gread!"}};
```

定义二维字符型数组，并赋初值。3 行 10 列的二维字符型数组可以存 3 个字符串，每个字符串最多 9 个字符，留一字节存 NULL 字符。

说明：

(1) 定义字符型数组存字符串时不要忘记多留一字节存 NULL 字符。

(2) 二维数组也可以理解为多个一维数组，可以只用行下标表示，如 a[1]表示第 2 行的一维数组，指向字符串" is "的首地址。

5.3.2 字符型数组的使用

字符型数组存入字符串时，除了可以用"%c"格式符逐个字符输入输出之外，还可以用"%s"格式符整体输入和输出，而且还有专门的字符串输入输出函数 gets()和 puts()。

scanf()函数与 gets()函数读字符串区别：scanf()函数读字符串，遇到空格终止，无法读入空格和制表符。gets()函数可以读入带空格的字符串，遇到回车符才终止。

printf()函数与 puts()函数输出字符串的区别：printf()函数输出不自动换行，需要在格式符中加"\n"换行，puts()函数输出字符串后自动换行。

5.3.3 字符串处理函数

字符串与其他类型数据不同，不可以用双等号==比较大小，也不可以用一个等号=赋值，必须用字符串处理函数完成相关操作。字符串处理函数在 string.h 头文件中定义。

1. strcpy()：复制字符串函数

例如：

```
strcpy(name, "Apple");
```

作用：将字符串"Apple"赋值到字符型数组 name 中，并在串尾加上结束标志。注意数组 name 大小至少为 6，可以存 5 个字符和 1 个字符串结束标志。

2. strcat()：拼接两个字符串函数

例如：

```
char name[20] = "hello!";
strcat(name, "Apple");
```

作用：将字符串"Apple"连接到字符型数组 name 后面，并去掉 name 中原有的结束标志，在串尾加上结束标志。数组 name 中的值变为"hello! Apple"。数组 name 长度必须足够存下拼接后的字符串和字符串结束标志。

3. strcmp()：比较两个字符串的大小

语法形式：

```
strcmp(字符串 1,字符串 2);
```

如果字符串 1 与字符串 2 相同，则函数值为 0；如果字符串 1 >字符串 2，则函数值为正整数；如果字符串 1 <字符串 2，则函数值为负整数。

4. strlen()：计算字符串长度函数

例如：

```
char name[20] = "hello!";
printf("%d",strlen(name));        //结果为 6,不计算\0
```

5. strlwr()、strupr()：大小写转换函数

例如：

```
char a[] = "AbCd";
printf("小写: %s\n",strlwr(a));  //结果为: abcd
printf("大写: %s\n",strupr(a));  //结果为: ABCD
```

5.4 程序示例

【例 5-1】 编程输入 5 个整数作为成绩存入数组，计算平均分，并输出大于平均分的成绩。

参考代码：

```
#include <stdio.h>
#define N 5                       //符号常量,用于定于数组长度
int main( )
{
  int a[N], i, sum = 0;           //i 为循环变量,sum 记录成绩总和
  float avg = 0.0;                //记录平均分
  printf("请输入五个整数成绩:\n");
```

```
    for(i = 0; i < N; i++)          //第一次循环,输入N个数
        scanf("%d", &a[i]);
    for(i = 0; i < N; i++)          //第二次循环,计算N个数之和
        sum = sum + a[i];
    avg = sum/N;                    //计算平均分
    printf("平均分:%.2f\n", avg);   //输出平均分
    for(i = 0; i < N; i++)          //第三次循环,找高于平均分的
    {  if (a[i] > avg)              //判断大于平均分则输出
           printf("%d大于平均分\n", a[i]); }
}
```

运行效果：

```
请输入五个整数成绩:
78 67 32 90 45
平均分: 62.00
78 大于平均分
67 大于平均分
90 大于平均分
```

【例 5-2】 编写程序,输入三名学生的两门课的成绩,并输出。要求按课程输入,按学生输出。

参考代码：

```
#include <stdio.h>
#define M 2                                 //符号常量,用于行下标,表示课程数
#define N 3                                 //符号常量,用于列下标,表示学生数
int main( )
{   int s[M][N], i, j;
    for(i = 0; i < M; i++)                  //M表示课程数,按课程输入
    {   printf("输入第%d门课成绩:\n", i + 1);
        for(j = 0; j < N; j++)              //N表示学生数
        {   printf("第%d名学生:", j + 1);
            scanf("%d", &s[i][j]);    }     //读入成绩
    }
    printf("\n输出学生成绩:\n");
    for(j = 0; j < N; j++)                  //N表示学生数,按学生输出
    {   printf("第%d名学生成绩:", j + 1);
        for(i = 0; i < M; i++)              //M表示课程数
            printf("%d ", s[i][j]);         //输出成绩
        printf("\n");
    }
}
```

运行效果：

```
输入第1门课成绩:
第1名学生: 79
```

```
第 2 名学生: 78
第 3 名学生: 77
输入第 2 门课成绩:
第 1 名学生: 95
第 2 名学生: 97
第 3 名学生: 96

输出学生成绩:
第 1 名学生成绩: 79 95
第 2 名学生成绩: 78 97
第 3 名学生成绩: 77 96
```

程序说明:

(1) 存一门课程成绩用一维数组,存三名学生的两门课成绩需要用二维数组,二维数组是三行二列或者二行三列都可以,只要分清行和列中,谁代表课程数,谁代表学生数即可。

(2) 要求按课程输入成绩,所以输入成绩时以课程数作外层循环,学生数作内层循环。输出成绩时则相反。

【例 5-3】 编程输入一个以回车符为结束标志的字符串(少于 80 个字符),统计其中数字字符的个数。

参考代码:

```
#include <stdio.h>
int main( )
{
  int count = 0, i;                              //count 计数数字字符,i 为循环变量
  char str[80];                                  //声明字符数组,存输入的字符串
  printf("请输入字符串:\n");
  gets(str);                                     //用 gets 读入字符串可以读入空格

  for(i = 0; str[i] != '\0'; i++)                //数组下标从 0 开始,到字符串结束
  {    if(str[i] >= '0' && str[i] <= '9')        //判断每个元素是否数字
         count++;                                //是数字则累加 1
  }
  printf("数字有 %d 个\n", count);               //输出统计结果
}
```

运行效果:

```
请输入字符串:
abc123 hello456 I love Chain
数字有 6 个
```

【例 5-4】 阅读程序,了解二维字符型数组的使用。程序功能:输出二维字符型数组中的多个字符串,同时输出字符串长度。

```
#include <stdio.h>
```

```
#include <string.h>                                  //加入头文件使用字符串函数
int main( )
{
    char m[3][8] = {"China","Japan","America"}; //定义二维字符型数组赋值三个字符串
    int len,i;                                        //len存字符串长度,i循环变量
    for(i = 0; i<3; i++)                              //三行循环三次
    {
        len = strlen(m[i]); //计算字符串长度,二维数组只用行下标表示每行的字符串
        printf("%s,%d个字符\n",m[i],len);        //输出字符串及其长度
    }
}
```

运行效果：

```
China,5个字符
Japan,5个字符
America,7个字符
```

5.5 常见错误

表5-1中列举了对数组的几种常见错误写法。

表5-1 对数组的常见错误写法

序号	常见错误写法	错误原因	正确写法
1	int n = 4; int a[n];	定义数组时，数组长度必须是常量，不可以是变量	int a[4]; 或者： #defineN4 int a[N];
2	int b[5]; b = {10, 20, 30, 40, 50};	数组初始化时可用大括号整体赋值，在程序中必须单个元素赋值	int b[5] = {10,20,30,40,50}; 或： int b[5]; b[0] = 10; b[1] = 20; …

3	int a[2], b[2];
	a[0] = 1;
	a[1] = 2;
	b = a;
		不能对数组整体输入输出，b = a; 语句错误，只能逐个元素输入输出(字符型数组存字符串除外)	int a[2], b[2];
			a[0] = 1;
			a[1] = 2;
			for(i = 0; i<2; i++)
			    b[i] = a[i];

4	#define N 5
	…
	int arr[N];
	for(i = 0; i<= N; i++)
	{
	    arr[i] = i;
	}
		数组越界异常，N个元素数组的数组元素下标最大为N－1，不是N	#define N 5
			…
			int arr[N];
			for(i = 0; i<N; i++)
			{
			    arr[i] = i;
			}

实验8　数组使用练习

一、实验目的与要求

1. 掌握一维数组的定义及使用方法。

2. 掌握字符数组的定义、初始化方法及元素的引用方法。

3. 掌握常见字符串处理函数的使用。

二、实验环境

Visual C++ 2010/Visual C++ 6.0。

三、实验内容

1. 编程定义三个同样大小的整型数组，为其中两个数组读入数值，然后计算两个数组中对应数值之和存入第三个数组，最后输出三个数组中的内容。

运行效果：

```
请输入第一个数组中5个数值：
第1个数：12
第2个数：13
第3个数：14
第4个数：15
第5个数：16

请输入第二个数组中5个数值：
第1个数：21
第2个数：23
第3个数：24
第4个数：24
第5个数：25

a数组中内容：12 13 14 15 16
b数组中内容：21 23 24 24 25
c数组中内容：33 36 38 39 41
```

2. 输入一个字符串，存在字符型数组中，再输入一个字符，在字符数组中查找该字符。若找到，输出该字符第一次出现的数组下标，否则输出－1。

运行效果：

```
input a string: hello how are you?        input a string: how are you?
input a char: o                           input a char: x
下标：4                                   下标：-1
```

3. 编程实现输入一个含空格的字符串，统计其中有多少个单词（空格分隔单词），输出单词个数和字符串长度。（注意：测试最后是空格和不是空格两种情况。）

运行效果：

```
请输入一个英文句子：           请输入一个英文句子：
hello how are you?             hello how are you?⇦有空格
单词个数：4                    单词个数：4
```

字符串长度: 18　　　　　　　　字符串长度: 19

4. 理解冒泡排序算法，用冒泡排序对10个整数升序排序，先读入10个无序整数存入数组，对数组重新排序后输出数组中数值，输出结果5个一行显示。

拓展: 随机数生成10个100以内整数存入整型数组，按从小到大的顺序排序并输出(冒泡排序)。

第6章 函数与预处理

C语言程序设计的核心就是设计自定义函数,每一个函数都是具有独立功能的模块,通过模块之间的调用完成复杂的程序功能。

6.1 函数的定义与使用

6.1.1 函数的定义

自定义函数形式:

```
[存储类型] [返回值类型] 函数名([形参说明表])
{
  函数体语句
  return 返回值;
}
```

说明:

(1) 存储类型有两种:extern和static。默认为extern,表示外部函数。static表示内部函数,只作用于其所在源文件。

(2) 返回值类型默认为int。有些编译器不支持默认,例如,Visual C++ 6.0支持,Visual C++ 2010不支持。若函数无返回值,写为void。返回值类型为void时,函数体中无需return语句。

(3) 函数名是任意合法的标识符,最好见名知意。

(4) 函数定义时给出形式参数说明(简称形参),明确参数的类型、名字和个数。函数调用时给出的实际参数(简称实参)要与形参对应。

(5) 形参说明表可以没有,表示无参函数。如果有多个形参,用逗号分开,写为int x, int y,而不能写成int x, y,也不能写成int x; int y。

(6) return后面返回值的数据类型必须与返回值类型一致。

6.1.2 函数的调用

有返回值和无返回值的函数调用方式不同。不论哪种方式,运行函数调用语句时,都会跳转到子函数,子函数运行完毕回到函数调用处,继续后面的语句。函数嵌套调用过程如图6-1所示。

1. 无返回值函数的调用语句

```
函数名([实参列表]);
```

2. 有返回值函数的调用语句

```
变量名 = 函数名([实参列表]);
```

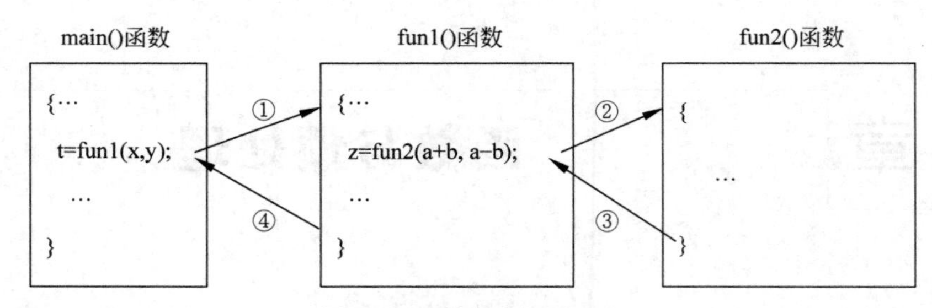

图 6-1　函数嵌套调用过程

说明：

(1) 变量名的数据类型必须与函数定义中的返回值类型一致。

(2) 如果是无参函数,则实参列表为空。

6.1.3　函数的声明

如果子函数定义在 main()函数之后,需要先声明,再调用。

函数声明语句形式：

```
[存储类型] [返回值类型] 函数名([形参说明表]);
```

说明：函数声明语句的形式就是函数定义的头部加上分号。

6.1.4　函数的传值与传址

1. 传值

子函数的形式参数是变量表示传递数值。调用函数时,每一个实参对应地传递给每一个形参,形参变量接收到实参传来的数值后,会在内存中临时开辟新的空间保存该数值,子函数运行完毕后,释放内存空间。形参的值在函数中的变化,不影响实参的值。

2. 传地址

子函数的形式参数是数组名或指针表示传递地址。调用函数时,形参接收到实参传来的地址后,不开辟新的空间,直接使用此空间。形参的值在函数中的变化,会影响实参的值。

数组名作函数参数时只能传递数组首地址,无法传递数组长度,所以无须写数组长度,例如：int sum(int a[], int n)…。

3. 传值与传地址比较

【例 6-1】　传值函数示例。

```
#include <stdio.h>
void exchange(int x, int y)                        //子函数参数是两个整型变量
{   int t;
    printf("3: x = %d,  y = %d\n", x, y);          //交换前输出
    t = x;    x = y;    y = t;                     //交换两个变量的值
    printf("4: x = %d,  y = %d\n", x, y);          //交换后输出
}
void main( )
{   int x = 10, y = 20;
    printf("函数传值\n");
```

```
    printf("1:   x = %d,  y = %d\n", x, y);
    exchange(x, y);                              //调用子函数
    printf("2:   x = %d,  y = %d\n", x, y);
}
```

运行结果：

```
函数传值
1: x = 10,y = 20
3: x = 10,y = 20
4: x = 20,y = 10
2: x = 10,y = 20
```

内存空间示意：

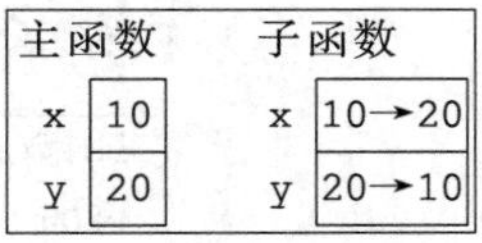

主函数		子函数	
x	10	x	10→20
y	20	y	20→10

程序说明：子函数 void exchange(int x,int y)为传值函数。尽管主函数中实参和子函数中形参名字相同，都是 x,y，但是在内存分配了不同的存储空间，子函数中数据的变化不影响主函数中的实参。

【例 6-2】 传地址函数示例。

```
#include <stdio.h>
void exchange(int y[])                           //子函数参数是数组
{   int t;
    printf("3: %d, %d\n",y[0],y[1]);             //交换前输出
    t = y[0]; y[0] = y[1]; y[1] = t;             //交换两个数组元素的值
    printf("4: %d, %d\n",y[0],y[1]);             //交换后输出
}
void main( )
{   int x[2] = {10,20};
    printf("函数传址\n");
    printf("1: %d, %d\n",x[0],x[1]);
    exchange(x);                                 //调用子函数,数组名代表数组首地址
    printf("2: %d, %d\n",x[0],x[1]);
}
```

运行结果：

```
函数传址
1: 10,20
3: 10,20
4: 20,10
2: 20,10
```

内存空间示意：

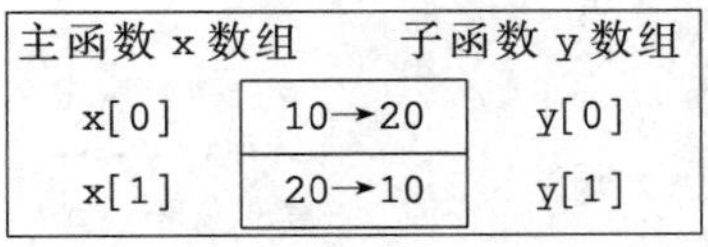

主函数 x 数组		子函数 y 数组
x[0]	10→20	y[0]
x[1]	20→10	y[1]

程序说明：函数的形参为数组表示传递地址。子函数中对形参的改变会影响实参的值，因为实参和形参共用同一个内存空间，只是命名不同。

【例 6-3】 分析程序运行效果，传值还是传地址。

```
#include <stdio.h>
void exchange(int x, int y)                      //子函数参数是两个整型变量
{   int t;
    printf("3: x = %d,y = %d\n",x,y);            //交换前输出
    t = x; x = y; y = t;                         //交换两个变量的值
    printf("4: x = %d,y = %d\n",x,y);            //交换后输出
}
```

```
void main( )
{    int x[2] = {10,20};
     printf("1: x[0] = %d,x[1] = %d\n",x[0],x[1]);
     exchange(x[0],x[1]);                    //调用子函数,数组元素相当于变量
     printf("2: x[0] = %d,x[1] = %d\n",x[0],x[1]);
}
```

运行结果：

```
1: x[0] = 10,x[1] = 20
3: x = 10,y = 20
4: x = 20,y = 10
2: x[0] = 10,x[1] = 20
```

内存空间示意：

主函数 x 数组		子函数	
x[0]	10	x	10→20
x[1]	20	y	20→10

程序说明：数组名代表数组首地址，但数组元素和变量一样，这是传值而不是传址。

6.2　局部变量与全局变量

1. 全局变量

在函数外面定义的变量称为全局变量。

作用域：从该变量定义的位置开始，直到源文件结束。

作用：可以在函数间传递数据。

2. 局部变量

在函数内部或某个控制块内定义的变量称为局部变量。

作用域：函数内部或语句块内部。

作用：增强了函数模块的独立性。

全局变量与局部变量示意如图 6-2 所示。

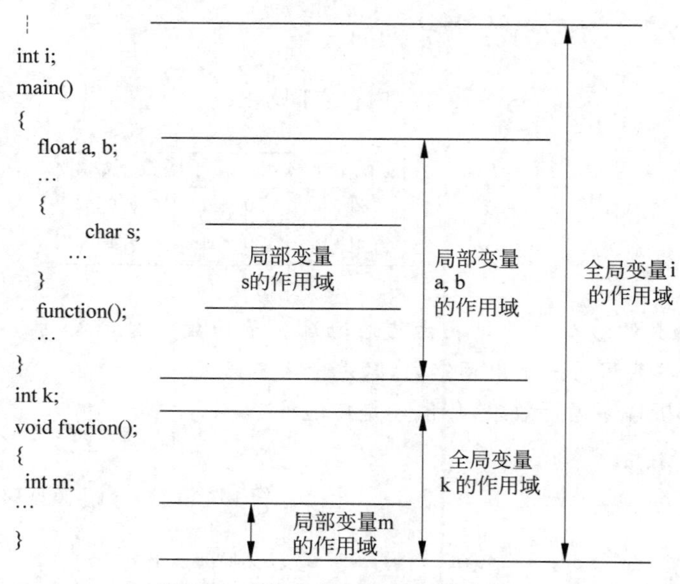

图 6-2　全局变量与局部变量示意图

6.3 static 存储类型

1. static 型局部变量

局部变量默认为 auto 型，存在内存的动态存储区，定义后需要先赋值后使用。auto 型局部变量的内存空间用完立即释放，每次进入函数重新分配空间，数值无法保留。

static 型局部变量存在内存的静态存储区，若定义时没有赋初值，自动赋初值。而且 static 型局部变量初始化语句只运行一次，数据可以保留。

2. static 型全局变量

全局变量默认为 extern 型，可被其他文件中函数使用。static 型全局变量有效范围为它所在的源文件，其他源文件不能使用。

比较下面两个程序，理解 auto 与 static 型局部变量的区别。

【例 6-4】 分析程序运行效果，对比例 6-5 理解自动型变量与静态变量的区别。

```
#include <stdio.h>
int fun( )                          //无参数子函数,被调用两次
{   int x = 1;                      //定义普通变量 x 并初始化为 1
    x * = 2;                        //x 值乘以 2
    return x;
}
void main( )
{   int i, s = 1;
    for( i = 1; i <= 2; i++)        //循环两次
        s * = fun( );               //循环体语句,调用子函数,返回值计算后存入 s
    printf("s = %d\n",s);           //输出 s 的值
}
```

运行结果：

```
s = 4
```

程序说明： *局部变量默认是 auto 型。第一次调用子函数 fun()，x=1*2=2，子函数结束则 x 所占内存空间释放，主函数中 s=s*2=2。再次调用子函数 fun()，重新为 x 分配内存空间，并再次赋初值 1，x=1*2=2，主函数中 s=s*2=2*2=4。*

【例 6-5】 分析程序运行效果，对比例 6-4 理解自动型变量与静态变量的区别。

```
#include <stdio.h>
int fun( )                          //同样是无参数子函数
{   static int x = 1;               //不同:x 为静态变量,初始化为 1
    x* = 2;                         //同样是 x 值乘以 2
    return x;
}
main( )
{   int i,s = 1;
    for(i = 1;i<= 2;i++)            //同样是循环两次
        s* = fun( );                //同样的循环体语句,调用子函数
    printf("s = %d\n",s);           //同样输出 s 的值
}
```

运行结果：

```
s = 8
```

程序说明：static 型局部变量具有记忆功能。初始化语句 static int x=1；只运行一次，第一次调用 fun()函数，x=1*2=2，子函数结束 x 所占内存空间不释放，保存 x 值，主函数中 s=s*2=2。再次调用 fun()函数，x=2*2=4，主函数中 s=s*4=2*4=8。

6.4 递归函数

递归调用是指函数调用自己或者是调用其他函数后再次调用自己。

1. 直接递归调用

在函数定义语句中，存在着调用自身函数的语句，如图 6-3(a)中的 temp 函数就是直接递归调用。

2. 间接递归调用

在函数定义语句中，存在着互相调用函数的语句，如图 6-3(b)中的 temp1 和 temp2 函数就是间接递归调用。

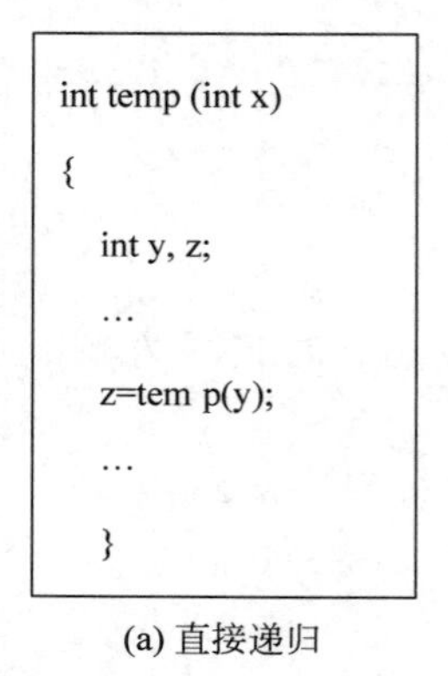

(a) 直接递归

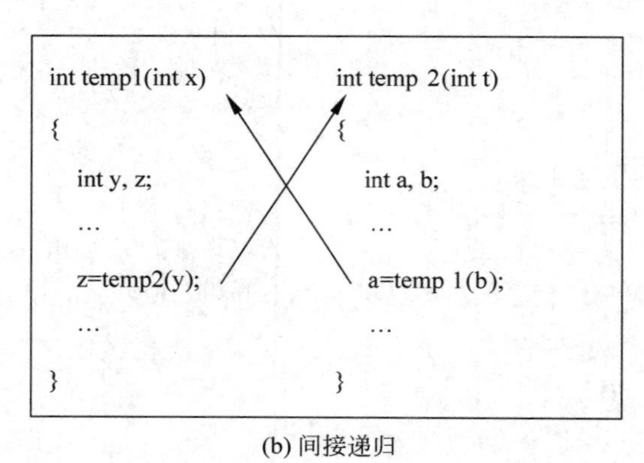

(b) 间接递归

图 6-3　递归调用形式

6.5 预　处　理

C 语言中预处理以＃号开头，放在源程序的首部，单占一行。预处理不是 C 语句，行末不加分号。

6.5.1 宏定义

宏定义通常用大写字母表示，预处理时，将宏名替换为字符串。使用宏可提高程序的通用性和易读性，减少输入错误和便于修改。

1. 不带参数的宏

不带参数的宏又常称为符号常量，其定义形式为：

```
# define　宏名　字符串
```

例如,有宏定义：#define N 5,则程序中所有N都替换为5,常用于定义数组长度。

2. 带参数的宏

带参数的宏的定义形式为：

```
#define  宏名(参数表)  字符串
```

其中,字符串应该包含参数表中的参数,宏替换时,将字符串中的参数用实参表中的参数直接进行替换。比较以下两个宏定义的效果区别。

示例1：

有宏定义：

```
#define S(r) 3.14 * r * r
```

程序中

```
S(3.0 + 4.0) = 3.14 * 3.0 + 4.0 * 3.0 + 4.0 = 25.42
```

示例2：

有宏定义：

```
#define S(r) 3.14 * (r) * (r)
```

程序中

```
S(3.0 + 4.0) = 3.14 * (3.0 + 4.0) * (3.0 + 4.0) = 153.86
```

说明：

(1) 宏名和参数的括号间不能有空格。

(2) 宏替换直接替换,不做计算,不做表达式求解。

(3) 函数调用在程序运行时进行,并且分配内存。宏替换在编译前进行。

6.5.2 文件包含

文件包含处理是指在一个源文件中,将另一个源文件的内容全部包含在此文件中,以便使用该文件中定义的函数。

文件包含命令的一般形式：

```
#include <包含文件名>
```

或：

```
#include "包含文件名"
```

说明：< >表示直接在系统标准目录(include)中找被包含文件。" "表示先在指定的目录中找被包含文件,若文件名不带路径,则在当前目录中找；若找不到,再到系统标准目录中找。

6.6 程序示例

【例6-6】 编写程序,用递归函数计算n!。

参考代码：

```
#include<stdio.h>
long f(int n)
{
    if(n>1)     return n * f(n - 1);                          //直接递归调用
    else        return 1;
}
void main( )
{
    int n;      long jc;
    printf("输入 n:");
    scanf("%d", &n);
    jc = f(n);                                                //调用递归函数,实现循环效果
    printf("%d! = %ld\n",n,jc);
}
```

运行结果:

```
输入 n: 5
5!= 120
```

程序说明:当函数调用时,系统自动将函数当前的变量和形参暂时保留起来,在新一轮的调用时,为该次调用的函数所用到的变量和形参开辟新的存储空间,因此,递归调用的层次越多,同名变量所占的存储单元也就越多。

当本次调用结束后,系统释放本次调用占用的存储单元,返回到上一层调用的调用点,同时取用当初进入该层函数时暂存的数据。程序运行过程如图 6-4 所示,按照序号顺序一步步运行。

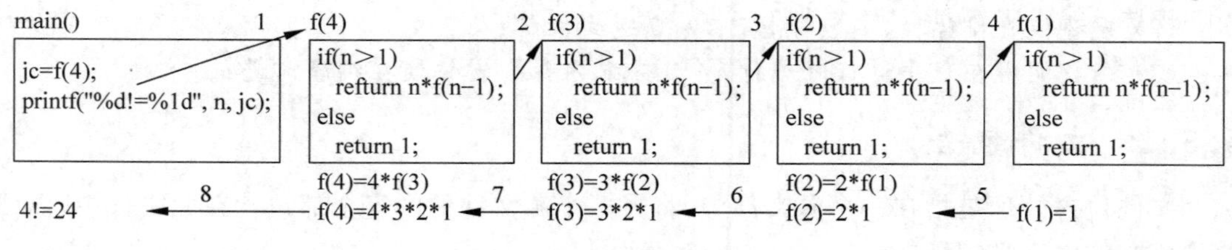

图 6-4　4!递归调用过程

【例 6-7】 编写一个程序,判断从键盘输入的正整数 n 是否是素数,判断素数的语句写在子函数。

参考代码:

```
#include<stdio.h>
int ss(int a)                          //子函数
{
  int i, bz = 0;
  for (i = 2; i<=a/2; i++)
  {    if (a%i==0) bz = 1; }
  return bz;
}
int main( ){                           //主函数
    int n;
```

```
    printf("请输入正整数 n:");
    scanf("%d", &n);
    if (ss(n) == 1)
        printf("%d不是素数!\n", n);
    else
        printf("%d是素数!\n", n);
}
```

第 1 次运行结果：

```
请输入正整数 n: 17
17 是素数!
```

第 2 次运行结果：

```
请输入正整数 n: 88
88 不是素数!
```

程序说明：素数是指除了 1 和其本身之外没有其他约数的数。子函数中循环用 2 到该数一半的数去除该数，如果有一个能整除的，该数就不是素数。子函数中用局部变量 bz 判断是否素数，初值为 0，只要找到一个约数，就设置 bz＝1。主函数中判断子函数返回值，返回值为 0 是素数，为 1 不是素数。

6.7 常见错误

错误 1：变量已经定义，使用时却提示找不到。

原因：可能混淆了主函数和子函数的局部变量。局部变量有各自的作用域，主函数中的局部变量在子函数中无法使用，需要通过参数传递的方式传到子函数。同理，子函数中的局部变量在主函数中也无法使用，需要通过返回值的形式传递数据到主函数。

错误 2：程序编译出现类似提示：warning C4013：'f' undefined；assuming extern returning int。warning C4142：benign redefinition of type。

原因：可能子函数定义在 main 函数之后，却没有函数声明语句。子函数需要先定义后使用或者先声明后使用。

错误 3：程序编译出现类似提示：warning C4761：integral size mismatch in argument；conversion supplied。

原因：可能参数类型不匹配。调用子函数时传递的实参的数据类型必须与子函数定义中形参的类型匹配，而且参数个数也要一致。

错误 4：程序编译出现类似提示：too few actual parameters。

原因：可能参数数量不匹配。调用子函数时传递的实参与子函数定义中形参个数要一致。

实验 9 函数使用练习

一、实验目的与要求

1. 掌握 C 语言中函数的定义方法与数据传递规则。
2. 了解函数的返回值及类型设置，并正确使用它。
3. 了解递归函数的使用。

二、实验环境

Visual C++ 2010/Visual C++ 6.0。

三、实验内容

1. 改写以下求三个整数最大数的程序，要求：输入、输出功能在主函数实现，求最大数功能在子函数实现。

```
#include<stdio.h>
int main( )
{   int a, b, c, x;
    printf("请输入3个整数:\n");
    scanf("%d%d%d",&a, &b, &c);
    x = a;
    if (x<b) x = b;
    if (x<c) x = c;
    printf("最大的是:%d\n",x);
}
```

2. 编写一个函数，输入三角形的三条边长，求三角形的面积，输入输出功能在主函数实现，计算面积功能在子函数实现。

提示：计算三角形面积的海伦公式：$S=\sqrt{p(p-a)(p-b)(p-c)}$，公式中a,b,c分别为三角形的三个边长，p为半周长，S为三角形的面积。

3. 修改下面冒泡排序程序，要求在主函数中输入10个无序整数存入数组，调用子函数对数组重新排序，最后在主函数中输出数组中数值，输出结果5个一行显示。

```
#include<stdio.h>
#define M 10
int main( )
{
    int x[M]; int i, j, t;
    for(i = 0; i<M; i++)
    {   printf("第%d个数:",i+1);
        scanf("%d", &x[i]); }
    for(i = 1; i<M; i++)
    {
        for(j = 0; j<M - i; j++)
        {
         if(x[j]>x[j + 1])
          { t = x[j]; x[j] = x[j + 1]; x[j + 1] = t;}
        }
    }
    for(i = 0;i<M;i++)
    {   printf(" %d ",x[i]);
        if((i + 1)%5==0) putchar('\n'); }
}
```

运行效果：

```
第1个数: 5
第2个数: 2
```

```
第 3 个数：1
第 4 个数：33
第 5 个数：55
第 6 个数：22
第 7 个数：555
第 8 个数：990
第 9 个数：100
第 10 个数：11
1       2       5       11      22
33      55      100     555     990
```

拓展：继续修改该程序，将为数组中输入数据和最后打印输出数组中数据的功能也用子函数实现。则程序有三个子函数，一个为数组中输入数据，一个排序，还有一个输出数组中数据。

第7章 指　针

指针也是变量，但指针是特殊的变量，只能存放变量的地址。

7.1 指针与变量

7.1.1 指针变量的定义

指针变量定义形式：

```
[存储类型]  数据类型   *指针变量名[ = 初始值];
```

例如：`int i = 8,  *p = &i;`

说明：

（1）指针变量与普通变量定义形式相同，变量名前加 * 表示指针变量，否则是普通变量。

（2）指针变量存地址，地址是无符号长整型，在内存中固定分配 4B 空间。

（3）指针变量的数据类型是指其所指向变量的数据类型，所以指针只能指向同类型变量的地址。

（4）不同类型普通变量在内存所占的字节数不同，可能有多个地址编号，指针指向变量的首地址。

7.1.2 指针变量的使用

（1）必须先将指针与变量地址相关联，后使用指针。

两种关联方式：初始化和赋值。

初始化方式：

```
short  i  = 5, *p = &i;
```

赋值方式：

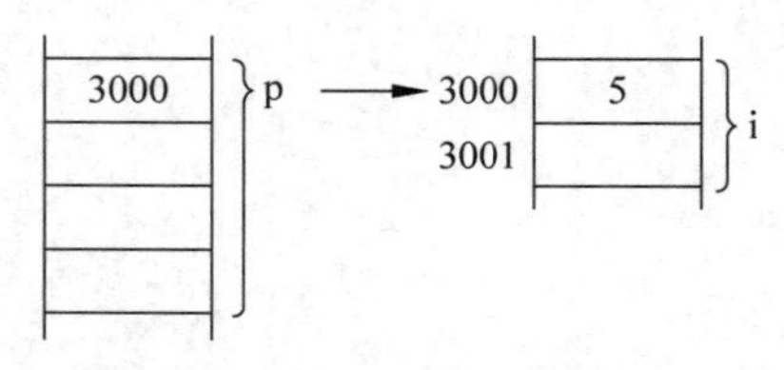

图 7-1　指针与变量

```
short  i = 5, *p;
p = &i ;
```

两种方式关联结果相同：指针 p 指向变量 i，如图 7-1 所示。

（2）在程序中直接使用指针变量名表示变量地址，指针变量名前面加 * 表示所指变量的值。例如,图 7-1 中,p 的值是 3000,p 等价于 &i;*p 的值是 5,*p 等价于 i。

7.1.3 指针变量的运算

指针变量的运算实际是对地址进行操作,如果改变指针变量的值,实际上是改变了指针的指向。指针变量的运算仅限于算术运算和关系运算。

1. 指针的算术运算

指针的算术运算仅限于+、-、++、--,而且只能是指针变量加减整数,或者两个指针变量相减,不可以两个指针变量相加。

另外,指针变量+1 或-1 并非固定变化一个数值,变化的数值与指向变量的数据类型相关。例如:

```
short  a = 1, b = 3;
short  *p = &a, *q = &b;
```

存储示意图如图 7-2 所示。

如果运行:

```
p++;  q = q -1;
```

运算后的结果如图 7-3 所示,指针变量中数值变化 2,而不是 1,因为 short 类型占 2B。

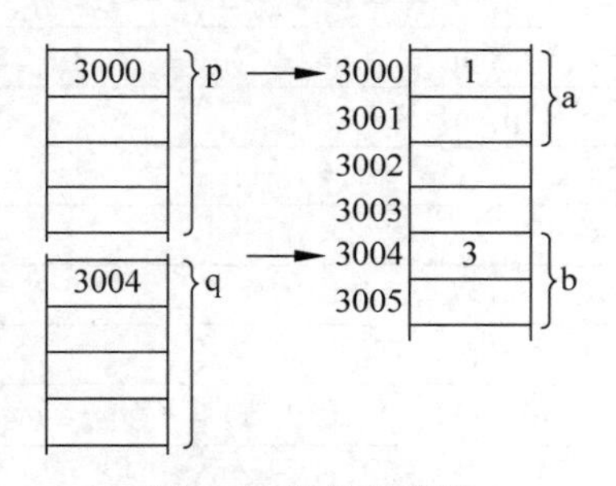

图 7-2 指针运算前

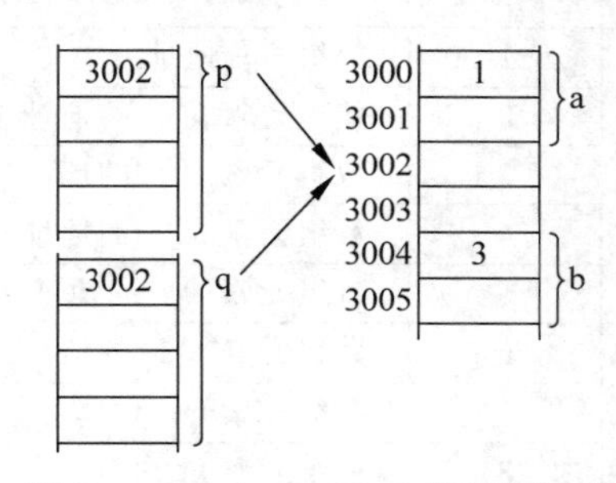

图 7-3 p++;q=q-1 的运算结果

如果变量和指针都改为 double 型,则指针变量+1 或-1 变化 8,因为 double 型占 8B,如果+n 或-n,则变化 n 倍的 8B。

同理,图 7-2 中 q-p 的结果是 2,而不是 4,需要用数值相减的结果再除以该类型所占字节数,计算公式是:

$$q - p = (3004 - 3000)/2 = 2$$

2. 指针的关系运算

关系运算符:<、<=、>、>=、!=、==。关系运算主要用于判断两个指针是否指向同一个变量地址,如果两个指针变量值相等,则是指向同一个变量地址。

例如:

图 7-2 中 p==q 为假(0),p!=q 为真(1),p<q 为真,q>=p 为真。

图 7-3 中 p==q 为真,p==0 为假,p!=0 为真。指针等于 0 表示空(NULL)指针,不指向任何变量地址。

7.2 指针与数组

数组元素在内存中连续存放,数组名代表数组的首地址。指针变量指向数组,可以指向数组的首地址(数组第一个元素的地址),也可以指向任意数组元素的地址。

7.2.1 指向一维数组的指针

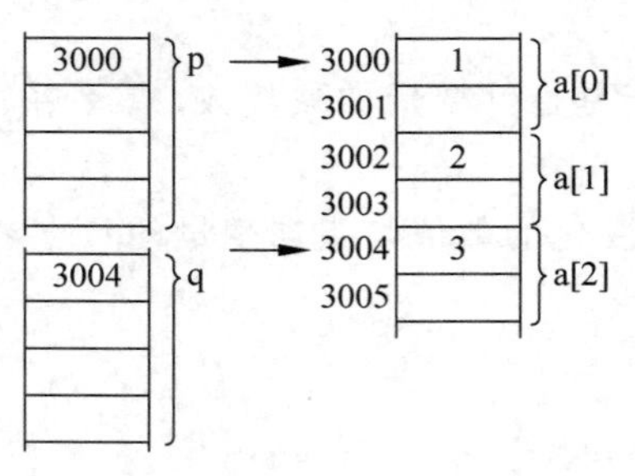

图 7-4 指针与一维数组

例如:

```
short  a[3] = {1,2,3};
short  *p = a, *q = &a[2];
```

关联结果如图 7-4 所示。

指针 p 指向数组 a 的首地址,p 的值是 3000;指针 q 指向数组元素 a[2]的地址,q 的值是 3004。

有了指针,则对数组元素地址和值的表示可以有多种方式,如表 7-1 所示。

表 7-1 指针与数组 a 的关系

址/值	序 号	描 述	地址/值的表示方式
地址	1	数组 a 首地址	a, p, &a[0], q−2
	2	数组元素 a[0]的地址	&a[0], a, p, q−2
	3	数组元素 a[1]的地址	&a[1], a + 1, p + 1, q−1
	4	数组元素 a[2]的地址	&a[2], a + 2, p + 2, q
	5	数组元素 a[i]的地址	&a[i], a + i, p + i
值	6	数组元素 a[0]的值	a[0], *a, *p, *(q−2)
	7	数组元素 a[1]的值	a[1], *(a + 1), *(p + 1), *(q−1), *++p
	8	数组元素 a[2]的值	a[2], *(a + 2), *(p + 2), *q
	9	数组元素 a[i]的值	a[i], *(a + i), *(p + i)

说明:指针指向数组,可以用指针名加下标引用数组元素。但数组元素下标是绝对的,指针下标是相对的,与指针所指向元素的位置有关。

问题 1:第 7 行 *(p + 1) 与 *++p 有什么区别?

回答:同样表示 a[1]的值,但 *(p + 1) 表示 p 不动,依旧指向数组首地址,*++p 表示 p 已经指向 a[1]的地址,p 的值变为 3002。

问题 2:第 7 行可以用 *++p 表示 a[1]的值,是否也可以用 *++a 表示 a[1]的值?

回答:不可以。数组名是常量,固定表示数组首地址;指针是变量,可以改变值。

7.2.2 指向二维数组的指针

二维数组可以看作多个一维数组。

例如:

```
int  a[3][2] = {{0,1},{2,3},{4,5}};
int  *p = a[0];
```

存储示意图如图 7-5 所示。

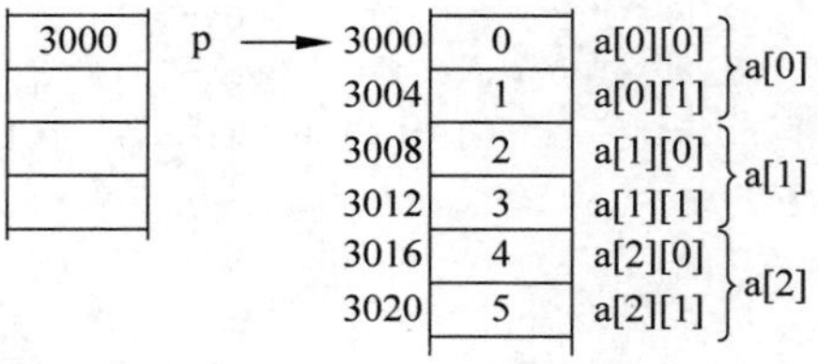

二维数组 a[3][2]可以看作三个一维数组 a[0],a[1],a[2],每个一维数组有两个元素,a[0]的元素为 a[0][0],a[0][1],则数组的首地址可以表示为:a,a[0],&a[0][0]。但一般不用二维数组名给指针赋值,因为概念上容易混淆,可以用 a[0]或 &a[0][0]。

图 7-5　指针与二维数组

有了指针指向二维数组,可对数组元素地址和值有多种表示,如表 7-2 所示。

表 7-2　指针与二维数组 a[m][n]的关系

址/值	序号	描　　述	地址/值的表示方式
地址	1	二维数组 a 的首地址	a,a[0],&a[0][0],*a,p
	2	一维数组 a[0]的首地址	a, a[0], &a[0][0], *a, *(a + 0),p
	3	一维数组 a[1]的首地址	a + 1,a[1],&a[1][0],*(a + 1),p + n
	4	一维数组 a[2]的首地址	a + 2,a[2],&a[2][0],*(a + 2),p + n * 2
	5	数组元素 a[0][0]的地址	a,a[0],&a[0][0],*a,p
	6	数组元素 a[0][1]的地址	&a[0][1],a[0] + 1,*a + 1,p + 1,&a[0][0] + 1
	7	数组元素 a[1][1]的地址	&a[1][1],a[1] + 1,*(a + 1) + 1,p + n + 1
	8	数组元素 a[i][j]的地址	&a[i][j],a[i] + j,*(a + i) + j,p + n * i + j
值	9	数组元素 a[0][0]的值	a[0][0],*a[0],*p,**a
	10	数组元素 a[1][1]的值	a[1][1],*(a[1] + 1),*(p + n + 1),*(*(a + 1) + 1)
	11	数组元素 a[i][j]的值	a[i][j],*(a[i] + j),*(p + n*i + j),*(*(a + i) + j)

7.2.3　指向多个元素的指针

C 语言还提供一种指向多个元素的指针,具有与数组名相同的特征,可以用于便捷地访问多维数组,其定义形式为:

```
类型说明符 (*指针变量名)[N]
```

其中,“N”是整型常量,表示二维数组分解成多个一维数组时,一维数组的长度,也就是二维数组的列数。(*指针变量名)两边的小括号()不可省略,省略了就是指针数组,含义不同。

【例 7-1】 通过以下小程序比较普通指针与指向多个元素的指针的区别,运行结果如图 7-6 所示,运行效果如图 7-7 所示。

```
#include<stdio.h>
void main( )
{
  int a[3][2] = {{0,1}, {2,3}, {4,5}};            //定义二维整型数组 a
  int *p = a[0], (*q)[2]; //普通指针 p 指向数组 a 首地址,指向多元素值指针 q 未赋值
  q = a;                                           //指向多元素值指针 q 也指向数组 a 首地址
  printf(" p =  %d\t", p);                         //输出指针 p 的值
  printf(" p + 1 =  %d\n", p + 1);                 //输出指针 p+1 的值
```

```
    printf(" q =  %d\t", q);                          //输出指针q的值
    printf(" q + 1 =  %d\n", q + 1);                   //输出指针q+1的值
    printf(" *(p + 1) =  %d\n", *(p + 1));             //输出指针p+1所指向地址的内容
    printf(" *(q + 1) =  %d\n", *(q + 1));             //输出指针q+1所指向地址的内容
    printf(" **(q + 1) =  %d\n", **(q + 1)); //注意这里两个*,两次取内容
}
```

```
p = 1703704        p + 1 = 1703708
q = 1703704        q + 1 = 1703712
*(p + 1) = 1
*(q + 1) = 1703712
**(q + 1) = 2
```

图 7-6 例 7-1 运行结果

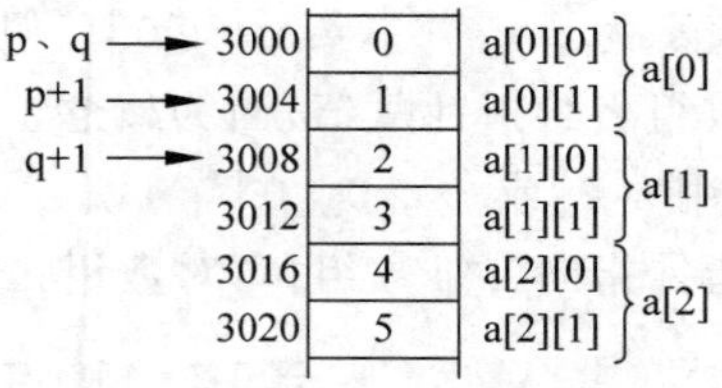

指针	地址	值	元素	行
p、q →	3000	0	a[0][0]	a[0]
p+1 →	3004	1	a[0][1]	
q+1 →	3008	2	a[1][0]	a[1]
	3012	3	a[1][1]	
	3016	4	a[2][0]	a[2]
	3020	5	a[2][1]	

图 7-7 不同指针+1 效果比较

程序说明：

(1) 从图 7-6 程序运行结果和图 7-7 运行效果比较可以看出，普通指针 p + 1 会指向下一个元素 a[0][1]的地址，而指向多个元素的指针 q + 1 则跳到下一个一维数组 a[1]的首地址，q 是行指针。

(2) 普通指针 p 用行地址首地址或数组元素地址赋值，而指向多个元素的指针 q 最好用数组名直接赋值。

(3) 指针 q 指向的是行地址，因此需要用两个 ** 才能取出数组元素内容，用一个 * 取出的是该行第一个数组元素的地址。

7.2.4 指针数组

指针数组是指数组中每一个元素都是指针。其定义形式为：

```
类型说明符 *指针变量名[元素个数]
```

例如：

```
int *p[3];
```

表示 p 是指针数组，有 p[0],p[1],p[2]三个元素，每一个元素都是指向整型变量的指针。通常用指针数组来处理二维数组和字符串。通过以下小程序了解指针数组的用法。

【例 7-2】 指针数组的用法。

```
#include <stdio.h>
void main( )
{
    int a[3][2] = {{0, 1}, {22, 23}, {14, 15}}, i;              //定义二维整型数组 a
    int *p[3] = {a[0], a[1], a[2]};                             //指针数组,三个指针分别指向三行
    for (i = 0; i < 3; i++)
        printf("p[%d]: %d, %d\n", i, *p[i], *(p[i] + 1));//使用指针运算取内容的方式输出
}
```

运行结果：

```
p[0]: 0,1
p[1]: 22,23
p[3]: 14,15
```

程序说明：

(1) 定义指针数组时，一定不要在 * 指针变量名外面加小括号()，int *p[3]是定义指针数组，表示同时定义了三个指针变量。而 int (*p)[3]；是只定义了一个指针变量，可用于指向多行三列二维数组。

(2) 指针数组的元素个数可以省略，则根据赋初值的数量确定指针数组长度，经常用于赋值多个字符串。

7.3 指针与字符串

字符型指针可以指向字符型变量，也可以指向字符型数组，字符型数组中可以存字符串。字符型指针也可以直接指向一个字符串，用法区别见表 7-3。

表 7-3 "指针直接指向字符串"和"指针指向字符型数组"的区别

比较项	指针直接指向字符串	指针指向字符型数组(存字符串)
初始化字符串	可以 例：char *p = "hello!";	可以 例：char s[] = "hello!", *p = s;
程序中赋值字符串	可以 例：char *p; p = "hello!";	不可以，必须一个一个元素赋值 例：char s[10], *p = s; s = "hello!";　　//错误 s[0] = 'h'; s[1] = 'e';　//正确
用指针名加下标的形式引用字符串中的字符	可以 例：p[0]的值为字符'h'	可以 例：p[1]的值为字符'e'
用指针名加下标的形式修改字符串中的字符	不可以 p[0] = 'a';　//错误	可以，等同于用数组名加下标的形式 p[0] = 'a';　//正确，数组 s 内容变为"hallo!"

7.4 指针与函数

7.4.1 指针作函数的参数

指针代表地址，指针作为函数的参数是传递地址。

【例 7-3】 阅读程序，理解指针作为函数的参数的效果。程序功能：交换两个数的值。

```
#include <stdio.h>
void jh(int *x, int *y)                    //子函数，参数是两个指针，表示地址
{   int t;
    printf("3: x = %d, y = %d\n", *x, *y);
    t = *x; *x = *y; *y = t;               //交换两个指针所指向位置的值
```

```
    printf("4: x = %d, y = %d\n", *x, *y);
}
void main( )                                    //主函数
{   int x = 10, y = 20;
    printf("*** 函数传址 **\n");
    printf("1: x = %d, y = %d\n", x, y);
    jh(&x,&y);                                  //调用子函数
    printf("2: x = %d, y = %d\n", x, y);
}
```

运行结果：

```
*** 函数传址 **
1: x=10,y=20
3: x=10,y=20
4: x=20,y=10
2: x=20,y=10
```

程序说明：指针作函数参数是传递地址，将主函数中实参的地址传递给子函数，子函数中交换这个地址的数据，则在主函数中能够看到数据的变化。

7.4.2 函数返回值为指针

函数的返回值为指针表示返回一个地址，主函数可以从这个地址读内容。

【例 7-4】 阅读程序，理解函数的返回值为指针的效果。程序功能：输出国名最长的国家名和其对应的字符个数（用到指针数组）。

```
#include "string.h"
#include "stdio.h"
int main( )
{
  char *find(char *name[], int n);                           //函数声明
  static char *name[] = {"CHINA", "AMERICA", "AUSTRALIA", "FRANCE", "GUBA"}; //指针数组
  printf("国名最长的是：%s\n", find(name, 5)); //调用子函数,并输出返回地址的字符串
  printf("长度：%d\n", strlen(find(name, 5)));               //输出长度
}
char *find(char *num[], int n) //子函数，传入指针数组和指针个数,返回 char 指针
{
  char *maxs;
  int i, max = 0;                                            //长度默认为 0
  for(i = 0;i<n;i++)                                         //循环比较每个字符串长度
  {
   if (max<strlen(num[i]))                                   //如果长度> max 则替换
    {
      max = strlen(num[i]);                                  //计算字符串长度
      maxs = num[i];                                         //maxs 记录字符串
    }
  }
  return(maxs);                                              //返回 char 指针
}
```

运行结果：

```
国名最长的是：AUSTRALIA
长度：9
```

程序说明：main()函数中定义了一个字符型指针数组 * name[]，数组中有 5 个字符指针，分别指向 5 个表示国家名字的字符串。子函数 find()有两个形参，第一个是指针数组 * num[]，可用于指向多个字符串，第二个是字符串个数 n。函数的功能是比较每个字符串的长度，找出最长的字符串。其函数返回值是一个字符指针，指向找到的字符串首地址。

7.5 main()函数的参数

C 语言中，main()函数可以带参数，最多可以有三个参数，参数名及参数的顺序、类型是固定的，参数形式为：

```
int main (int argc, char * argv[], char * env[])
```

带参数的 main()函数不适合在集成开发环境下运行，需要以命令行的方式运行，参数值从操作系统命令行上获得。

1. 第一个参数 int argc

统计运行程序时输入的参数个数，每个参数用字符串表示，用空格分隔。

2. 第二个参数 char * argv []

指针数组，每一个元素分别指向运行程序时输入的每一个参数，此指针数组元素个数就是第一个参数 argc 的值。

3. 第三个参数 char * env []

指针数组，每一个元素分别指向系统的环境变量字符串，元素个数与系统环境变量个数相同，具体个数与系统相关。

根据 C 语言的规则，main()函数参数个数可以不同，但参数顺序不能改变，因此 main()函数只有如下四种形式。

```
int main()
int main (int argc)
int main (int argc, char * argv[])
int main (int argc, char * argv[], char * env[])
```

【例 7-5】 阅读程序。程序功能：检测 main()函数的参数。

```
#include <stdio.h>
int main(int argc, char * argv[], char * env[])
{
  while(argc -- )
      printf("%s\t %s\n", *argv++, *env++);
}
```

程序运行效果如图 7-8 所示。

```
E:\>test a1 bb2 cc33
test     ALLUSERSPROFILE=C:\ProgramData
a1       APPDATA=C:\Users\xmwan\AppData\Roaming
bb2      CommonProgramFiles=C:\Program Files (x86)\Common Files
cc33     CommonProgramFiles(x86)=C:\Program Files (x86)\Common Files
```

图 7-8　带参数的 main()函数运行效果

程序说明：

(1) 程序名 test 本身也算一个参数，因此此示例有 4 个参数。

(2) 第二个参数 argv 指针数组有 4 个元素，存入 4 个参数，已全部显示。

(3) 第三个参数 env 指针数组的值并未全部显示。

7.6　程序示例

【例 7-6】　分析理解程序，功能是输出字符串中 n 个字符后的所有字符。

```
int main( ){
  char * ps = "this is a book";                    //指针指向字符串
  int n = 10;                                      //赋值 n 指定位置
  ps = ps + n;                                     //指针向后移动 n 位
  printf("%s\n", ps);                              //输出 ps 位置的字符串
}
```

运行结果：

```
book
```

程序说明：程序中对 ps 初始化时，把字符串首地址赋予 ps，当 ps = ps + 10 之后，ps 向后移动 10 个字符位，指向字符'b'，因此输出为"book"。

【例 7-7】　分析理解程序，将指针变量指向一个格式字符串，在 printf 语句中用指针变量 PF 代替了格式串。这是程序中常用的方法。

```
#include<stdio.h>
int main( ){
static int a[3][4] = {0, 1, 2, 3, 4, 5, 6, 7, 8, 9, 10, 11};   //3 行 4 列二维数组
    char * PF;
    PF = "%d, %d, %d, %d, %d\n";
    printf(PF, a, * a, a[0], &a[0], &a[0][0]);                 //用 4 种方式输出第 1 行首地址
    printf(PF, a + 1, * (a + 1), a[1], &a[1], &a[1][0]);       //用 4 种方式输出第 2 行首地址
    printf(PF, a + 2, * (a + 2), a[2], &a[2], &a[2][0]);       //用 4 种方式输出第 3 行首地址
    printf("%d, %d\n", a[1] + 1, * (a + 1) + 1);               //用 2 种方式输出 a[1][1]的地址
    printf("%d, %d\n", * (a[1] + 1), * ( * (a + 1) + 1));      //用 2 种方式输出 a[1][1]的值
}
```

运行结果：

```
4363788,4363788,4363788,4363788,4363788
4363804,4363804,4363804,4363804,4363804
```

```
4363820,4363820,4363820,4363820,4363820
4363808,4363808
5,5
```

7.7 常见错误

错误：程序中混淆直接使用指针变量名和指针变量名前面加*的含义。

原因：这是常见错误。定义指针变量时*表示这是指针变量，是存地址的。程序中使用时直接用指针变量名才表示地址，加*表示取所指向地址的内容。

实验10 指针操作练习

一、实验目的与要求

1. 掌握指针的概念和定义方法。
2. 掌握指针的操作符和指针运算。
3. 了解指针与数组、指针与字符串的关系。
4. 了解指针作为函数的参数的用法。

二、实验环境

Visual C++ 2010/Visual C++ 6.0。

三、实验内容

1. 程序填空：理解指针的用法。

程序功能：定义两个子函数，分别用传值和传址的方式交换两个整型变量的值，对照理解传址和传值的区别。

```
#include<stdio.h>
void jh1(int x,int y);
void jh2(int *x,int *y);
void main()
{
    int a,b;
    printf("请输入两个整数:");
    scanf("%d%d",&a,&b);
    jh1(________);                              //空1,实参传递
    printf("调用jh1后: a=%d,b=%d\n",a,b);
    jh2(________);                              //空2,实参传递
    printf("调用jh2后: a=%d,b=%d\n",a,b);
}
void jh1(int x,int y)
{
    int temp;
    temp=x;        x=y;     y=temp;
}
void jh2(int *x,int *y)
{
```

```
                                          //空 3,交换 x,y 地址上的值
    ____________________
    ____________________
}
```


运行效果：

```
请输入两个整数: 15  91
调用 jh1 后: a = 15,b = 91
调用 jh2 后: a = 91,b = 15
```

2. 程序填空，补充数组元素奇偶排列，理解指针的用法。

程序功能：定义一个一维整数数组，输入 10 个整数，其中有奇数也有偶数，排列无序。在子函数中按照奇数在前，偶数在后的顺序重新排列，排序操作就在当前数组中完成，不允许定义新的数组。

提示：定义两个指针变量 p 和 q，p 指向数组头部，q 指向数组尾部，头部指针向后移动，遇到偶数停止，尾部指针向前移动，遇到奇数停止，比较两个指针，如果 p < q，则交换两个指针中内容，然后继续移动。运行示意如图 7-9 所示。

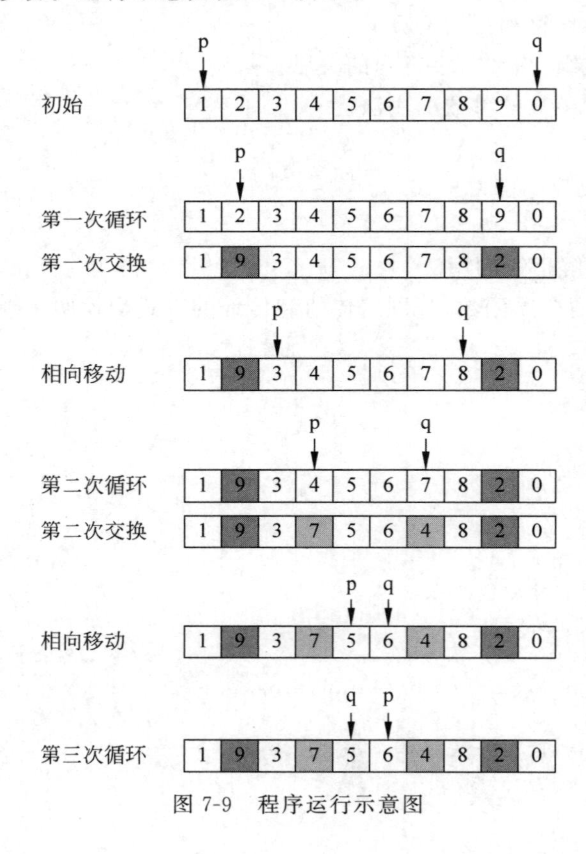

图 7-9　程序运行示意图

```
#include<stdio.h>
#define N 10
void sort(int a[],int n);
int main()
{  int a[N],i;
```

```
    printf("请输入 10 个整数: \n");
    for(i = 0;i < N;i + + )      scanf(" %d",&a[i]);
    sort(a,N);
    for(i = 0;i < N;i + + )     printf(" %d ",a[i]);
}
void sort(int a[ ],int n)
{    int *p, *q,temp;
     p = a;
     q = a + n - 1;
     while (p < q)
     { while(____________)                  //空 1: 判断 *p是否为奇数
           _____;                           //空 2: 指针向后移
       while(____________)                  //空 3: 判断 *q是否为偶数
           _____;                           //空 4: 指针向前移
       if (p > q)
       break;
       temp = *p;
        *p = *q;
        *q = temp;
     _____; _______;                        //空 5、空 6: 指针相向移动
     }
}
```

运行效果:

```
请输入 10 个整数:
1 2 3 4 5 6 7 8 9 0
1 9 3 7 5 | 6 4 8 2 0
    奇数  |  偶数
```

3. 使用指针实现对两个字符串的连接。要求输入输出在主函数中完成,并从键盘输入字符串,连接操作在子函数中。

拓展: 从键盘输入 10 个整数存入数组,将其中最大数与第一个数交换,最小数与最后一个数交换,要求用指针完成。

第 8 章　构造数据类型

C 语言提供的构造数据类型除数组之外,还有结构体、联合体(共同体)和枚举三种。

8.1　结构体数据类型

8.1.1　结构体类型定义

结构体类型定义形式:

```
struct 结构体类型名称
{
    数据类型 成员名 1;
    数据类型 成员名 2;
    … …
    数据类型 成员名 n;
};
```

说明:

(1) struct 是结构体关键字,结构体类型名称要符合标识符命名规则。

(2) 大括号中定义了结构类型的成员项,每项成员由数据类型和成员名共同组成,以分号结束定义。

(3) 结构体类型成员的定义形式同普通变量,但不能直接使用。

(4) 定义结构体类型时并不分配内存单元,用该类型定义变量时才分配空间。

例如,描述一个学生的信息,包括学号(sno)、姓名(sname)、性别(sex),可以定义为结构体类型:

```
struct student
{
    int sno;
    charsname[8];
    char sex;
};
```

8.1.2　结构体变量定义与初始化

结构体变量定义形式:

```
struct 结构体类型名 变量名 1[ = 初值],变量名 2[ = 初值],…,变量名 n[ = 初值];
```

说明：

(1) 结构体类型定义好后，可以像基本数据类型一样使用。可以用其定义变量、定义数组、定义指针。不同的是，在使用结构体类型时不可以省略 struct 关键字。

(2) 也可以在定义结构体类型的同时，定义该类型变量。并且，如果该结构体类型只用一次，后面不再使用，也可以省略结构体类型的名字。

(3) 为结构体变量初始化，需要在大括号里按顺序给出每个成员的值。注意不同类型常量的书写方式不同。

例如，定义两个 student 结构体类型变量，初始化存入两名学生信息的语句如下。

```
struct student  stu1 = {2019001, "丽丽", 'M'}, stu2 = {2019002, "张强", 'F'};
```

8.1.3 结构体变量的使用

只有个别情况，可以将结构体变量作为一个整体来引用，多数情况是引用结构体变量中的单个成员。引用结构体中成员有以下 3 种方式。

(1) 结构体变量名.成员名

(2) 结构体指针->成员名

(3) (* 结构体指针).成员名

说明：

(1) 其中点运算符(.)称为成员运算符，->称为指针运算符。

(2) 只有在两个变量具有相同的结构体类型的前提下，结构体变量间才可以整体赋值。

(3) 任何时候，结构体变量不可以整体输出，只能逐个成员输出。

例如，有以下定义：

```
struct date
{
    int month;              int day;          int year;
}  dd = {10, 8, 2020}, * pd = &dd;
```

则 dd.day、pd-> day、(* pd).day 都是对结构体变量成员的正确引用。其中，date 是结构体类型名，dd 是该结构体类型变量，pd 是该结构体类型指针，并指向变量 dd 的地址。

8.1.4 结构体变量内存存储

结构体变量各个成员在内存中是连续存储的。理论上，结构体变量占用的内存空间应该是各个成员所占字节数之和，实际上会遵守内存对齐的原则。通常用 sizeof(结构体变量名)计算结构体变量所占内存空间。

例如，有以下定义：

```
struct data{ short i;  char ch;  double f;} b;
```

理论上变量 b 所占内存空间是 2+1+8=11，实际上是 16。

内存对齐原则大致内容如下。

(1) 结构体第一个成员偏移量为 0。

(2) 其他成员偏移需要对齐到该成员所占字节数的整数倍位置。

(3) 最后所占空间是占空间最大的成员字节数的整数倍。

8.2 联合体(共用体)数据类型

联合体又称共用体,其关键字为 union。联合体与结构体类型的定义和使用方法基本相同,区别是联合体变量不会为每个成员分配单独的内存空间,而是所有成员共用同一个内存空间。联合体变量占用的内存空间是成员中占内存最大者所需空间,不同类型成员在内存中所占用起始单元是相同的。同一时间只有一个成员驻留在内存。

例如,有以下定义:

```
unionsf{ short gh;  long xh; };
```

则该联合体变量占内存空间是 4B。其中,gh 表示教师工号,xh 表示学生学号,一个人只能是教师或学生中一种身份,所以使用联合体只存工号或学号中一个即可。

8.3 枚举数据类型

枚举类型是用标识符表示的整数常量集合,枚举常量相当于自动设置值的符号常量。枚举类型定义的一般形式为:

```
enum 枚举类型名 {标识符 1, 标识符 2, …, 标识符 n};
```

例如:

```
enum day{MON, TUES, WED, THUR, FRI, SAT, SUN};
```

说明:*枚举常量的起始值为 0。其中,MON 的值为 0,后续依次加 1。*

定义了枚举类型后,其枚举常量的值不可更改,只可作为整型数使用。但可以在程序中定义枚举类型变量。枚举类型变量定义的一般形式为:

```
enum 枚举类型名 变量名 1, 变量名 2, …, 变量名 n;
```

8.4 链　　表

使用数组存储数据时,数组的大小必须事先定义好,并且不允许动态调整。实际上,程序运行处理的数据个数经常不确定,有可能数组溢出(用得多)或空间浪费(用得少)。用动态存储的方法可以很好地解决这些问题。

链表是一种动态存储的实现方式,它存储的数据个数不固定,通过自引用结构将各个数据项连接起来,构成一个完整的链表。所谓的自引用就是节点项中含一个指针成员,该指针指向与自身同一个类型的结构。

例如:

```
struct node {                    //定义结构体数据类型,名为 node
    int data;
    struct node * next;          //指针成员,node 类型指针
}
```

动态存储方法需要在程序运行过程中申请或释放内存空间。C语言使用两个函数malloc()和free()以及sizeof运算符进行内存空间的动态分配和释放。malloc()和free()函数在stdlib.h头文件中。

1. malloc函数

原型：

```
void * malloc(unsigned size)
```

功能：从内存分配一个大小为size字节的内存空间。

成功：返回新分配的内存空间首地址；失败则返回NULL。

2. free函数

原型：

```
void free(void * p)
```

功能：释放由malloc()函数所分配的内存块，无返回值。

说明：

(1) 动态存储方法每次申请的内存空间不一定是连续的。

(2) 使用malloc()函数时，应检测其返回值是否为NULL，以确保内存分配成功才使用。

(3) 及时使用free()函数释放不再使用的空间，避免浪费内存资源。

8.5 typedef

typedef常用于为结构体或共用体数据类型取“别名”，简化语句。一般习惯将新的类型名用大写字母表示。

typedef语句一般形式为：

```
typedef   类型名   标识符;
```

例如：

```
typedef struct student
{
    int sno;
    charsname[8];
    char sex;
} ST;
```

说明：有typedef关键字，这里的ST就不是结构体类型变量了，而是结构体数据类型的别名，后续程序中所有使用struct student的语句都可以改为ST。

例如：

```
语句：struct student   stu1 = {2019001, "丽丽", 'M'},stu2 = {2019002, "张强", 'F'};
改为：ST   stu1 = {2019001, "丽丽", 'M'}, stu2 = {2019002, "张强", 'F'};
```

8.6 程序示例

【例 8-1】 从键盘输入三名学生成绩，随后输出第二名学生的成绩。要求使用结构体数组，不仅存储成绩，也存储学生的学号和姓名。

参考代码：

```
#include<stdio.h>
int main()
{   struct student                                          //定义结构体类型
    {   long sno;
        char name[8];
        int cj;
    };
    struct student s[3];                                    //定义结构体类型数组
    int i;
    for(i=0;i<3;i++)                                        //循环三次读入三名学生信息
    { printf("输入:第%d名学生\n学号:",i+1);
        scanf("%d",&s[i].sno);
        printf("姓名:");
        scanf("%s",&s[i].name);
        printf("成绩:");
        scanf("%d",&s[i].cj);
    }
    printf("\n输出:第二名学生成绩:\n学号\t姓名\t成绩\n"); //输出表头
    printf("%ld\t%s\t%d\n",s[1].sno,s[1].name,s[1].cj);    //第二名学生数组下标为1
}
```

运行结果：

```
  输入：第1名学生
学号：101
姓名：丽丽
成绩：90
  输入：第2名学生
学号：102
姓名：美丽
成绩：89
  输入：第3名学生
学号：103
姓名：张杨
成绩：78

  输出：第二名学生成绩：
学号    姓名    成绩
102     美丽    89
```

【例 8-2】 建立师生信息统计表，存入姓名、性别、身份、教研室/班级4项信息。身份区分教师或学生，“教研室/班级”栏填教师所在教研室或学生所在班级。循环读入师生三人信息存入数组，最后输出显示。

参考代码：

```
#include < stdio.h >
#include < string.h >
#define N 3                                          //符号常量定义人数三人
struct info                                          //定义结构体类型 info
{char name[10];
 char sex[4];
 char sf[6];
 union {char cla[18]; char off[18]; }bm;             //嵌入联合体
}p[N];                                               //定义结构体数组
void output(struct info m[])                         //输出信息子函数
{ int i;
  for (i = 0; i<N; i++)                              //循环三次输出信息
    if (strcmp(p[i].sf,"学生") == 0)
        printf("姓名:%s\t 性别:%s\t 身份:学生\t 班级:%s\n",
                m[i].name,m[i].sex,m[i].bm.cla);
    else
        printf("姓名:%s\t 性别:%s\t 身份:教师\t 教研室:%s\n",
                m[i].name,m[i].sex,m[i].bm.off);
}
int main( )
{
    int i;
    for (i = 0; i<N; i++)
    {
        printf("%d:请输入姓名:", i + 1);
        scanf("%s", &p[i].name);
        printf(" 请输入性别:");
        scanf("%s", &p[i].sex);
        printf(" 请输入身份(学生/教师): ");
        scanf("%s",&p[i].sf);

        if (strcmp(p[i].sf,"学生") == 0)
        {   printf(" 请输入学生所在班级:");
            scanf("%s", &p[i].bm.cla); }     //输入学生班级
        else if (strcmp(p[i].sf,"教师") == 0)
        {   printf(" 请输入教师所在教研室:");
            scanf("%s", &p[i].bm.off); }     //输入教师职称
        else
        {   printf("input error!");
            return 0;
        }
    }
    output(p);                                       //调用子函数,输出信息
}
```

运行效果：

```
1: 请输入姓名: 张丽
   请输入性别: 女
   请输入身份(学生/教师): 学生
   请输入学生所在班级: 软件 1901
2: 请输入姓名: 路虎
```

```
   请输入性别：男
   请输入身份(学生/教师)：教师
   请输入教师所在教研室：网络工程
3：请输入姓名：任虎
   请输入性别：男
   请输入身份(学生/教师)：学生
   请输入学生所在班级：大数据1
姓名：张丽         性别：女    身份：学生          班级：软件1901
姓名：路虎         性别：男    身份：教师          教研室：网络工程
姓名：任虎         性别：男    身份：学生          班级：大数据1
```

程序说明：共同体经常是嵌入在结构体中作为一个成员类型使用。

【例8-3】 用链表存储学生信息，每增加一个学生就动态分配一个内存空间。录入两名学生信息后，删除其中一人信息，并释放空间。

参考代码：

```
#include<stdio.h>
#include<stdlib.h>                          //使用内存分配和释放函数
#include<string.h>                          //使用字符串函数
struct student                              //定义链表结构体
{
    int sno; char sname[8]; char sex;       //结构体普通成员
    struct student *node;                   //结构体指针成员
} *head, *p, *q;                            //全局指针,head为头节点,p和q临时使用
void output()                               //打印输出子函数
{
    static int cs = 0;                      //静态变量,记录调用函数次数
    cs++;
    p = head;                               //从头节点开始逐个节点输出
    printf("\n第%d次输出:\n",cs);
    while(p != NULL)
    {   printf("%d\t%s\t%c\n",p->sno,p->sname,p->sex);
        p = p->node;                        //指针移到下一个节点
    }
}
int main()                                  //主函数
{
    head = (struct student *) malloc(sizeof(struct student));     //分配第一个内存空间
    head -> sno = 202001;                   //为第一个节点赋值
    strcpy(head -> sname,"张晓");
    head -> sex = 'M';
    p = (struct student *) malloc(sizeof(struct student));     //分配第二个内存空间
    head -> node = p;                       //头节点链接第二个节点地址
    p -> sno = 202002;                      //为第二个节点赋值
    strcpy(p -> sname,"韩寒");
    p -> sex = 'F';
    p -> node = NULL;                       //结束,尾部为空指针
    output();                               //调用输出子函数

    //删除韩寒
    p = head;                               //从头节点开始逐个节点查找
    while (strcmp(p->sname,"韩寒") != 0 && p->node != NULL)  //没找到且未到尾部,循环执行
    { q = p, p = p -> node ; }              //q指当前节点,p指下一个节点
```

```
    if (strcmp(p -> sname,"韩寒") == 0 )      //如果当前节点是韩寒则删除
    {    q -> node = p -> node;               //更改上一节点指针,指向韩寒后一个节点
         free(p);                             //释放韩寒所在节点空间
         output();}                           //调用输出子函数
    else
         printf("没找到\n");                   //没找到要删除的内容
}
```

运行结果:

```
第 1 次输出:
202001  张晓    M
202002  韩寒    F

第 2 次输出:
202001  张晓    M
```

8.7 常见错误

错误 1:如有 struct {int a; char b; } m, *p=&m;,对成员的引用写为 *p.b。

原因:对成员的三种引用为:结构体变量名.成员名,结构体指针->成员名,(*结构体指针).成员名。第三种要加括号,因为*号优先级低。本题 *p.b 应该写为(*p).b。

错误 2:如有 struct {char a;long b;double c;} y; 认为结构体变量 y 应该占 13B,因为 char 型 1B,long 型 4B,double 型 8B,1+4+8=13B。

原因:结构体变量要遵循内存对齐原则,虽然 a 占 1B,b 占 4B,但 b 会从 4 的整数倍位置开始,所以给 a 留 4B。c 占 8B,正好在 8 的整数倍位置。

实验 11 构造数据类型练习

一、实验目的与要求

1. 了解结构体的概念、定义和用法。
2. 了解共用体的概念、定义和用法。

二、实验环境

Visual C++ 2010/Visual C++ 6.0。

三、实验内容

1. 程序填空题:结构体的应用。

程序功能:用结构体描述年、月、日,输入一个日期后,显示器显示该日期是当年第多少天,请在横线位置填上适当的语句。

```
#include <stdio.h>
void main ()
{     struct date
    {______________________________};             //空 1:含有年月日 3 个成员
    ________________________________;             //空 2:定义结构体变量 a
    int i,days = 0;                               //定义其他变量
```

```
        ______________________________ ;        //空3：提示输入年,月,日
        ______________________________ ;        //空4：输入年,月,日
    //此处可以加验证,限制输入为1～12
    for (i = 1;i < a.m;i + + )
    {
        if (__________________________)        //空5：判断i是1,3,5,7,8,10
            days + = 31;
        else if (__________________________)   //空6：判断i是4,6,9,11
            days + = 30;
        else if (______________________________)   //空7：判断闰年
            days + = 29;
        else
            days + = 28;
    }
    days + = a.d;
    printf(" %d年%d月%d日是该年第%d天\n",a.y,a.m,a.d,days);
}
```

运行效果：

```
请输入年,月,日：2020,8,4
2020年8月4日是该年第217天
```

2. 程序填空题：共用体的应用。

程序功能：从键盘输入学生和教师的信息,包括编号、姓名、身份。身份分为教师和学生两种,若是学生,则"班级/职务"栏填入班级；若是教师,则"班级/职务"栏填入职称。

```
#include <stdio.h>
struct rr
{int no;
  char name[10];
  char job;
  union {int cls; char pos[10]; }xz;
}p[2];
void sc(struct rr p[])
{  int i;
  printf("\n编号\t姓名\t身份\t班级/职务\n");
  for (i = 0;i<2;i++)
    if (p[i].job == 's')
        printf(" %d\t%s\t%c\t%d\n", p[i].no,p[i].name,p[i].job,p[i].xz.cls);
    else if (p[i].job == 't')
        printf(" %d\t%s\t%c\t%s\n", p[i].no,p[i].name,p[i].job,p[i].xz.pos);
}
int main ( )
{
    int i;
    for (i = 0;i<2;i++)                                   //两个元素的数组
    {
        printf("请输入姓名、编号、身份(s学生,t教师):\n");
        scanf(" %s%d% *c%c",&p[i].name,&p[i].no,&p[i].job);//注意混合输入,* 跳过
        if (p[i].job == 's')
```

```
        {   printf("请输入学生班号:");
        ________________________;}                              //空 1.输入学生班级,int
        else if (p[i].job == 't')
        {   printf("请输入教师职称:");
        ________________________;}                              //空 2.输入教师职称 char 数组
        else
        {   printf("input error!");
            return 0;
        }
    }
    ________________________                                    //空 3.调用子函数,输出信息
}
```

运行效果:

```
请输入姓名、编号、身份(s 学生,t 教师):
张教师 1 t
请输入教师职称: 教授
请输入姓名、编号、身份(s 学生,t 教师):
典典 2 s
请输入学生班号: 1901

编号      姓名      身份      班级/职务
1         张教师    t         教授
2         典典      s         1901
```

3. 了解结构体和共用体占用内存空间的区别,理解"内存对齐原则"。

定义结构体 s_stu 和共用体 u_stu,二者成员完全一样,都是学号、姓名、年龄,用 sizeof 计算它们所占内存空间。修改成员类型或长度,重新运行程序,检测运行结果和你计算的理论值是否有差距。

拓展:结构体数组的应用。

定义数组存 5 名学生成绩,要求不仅存储成绩,也存储学生的学号和姓名。在程序中直接为数组赋初值,显示器上输出所有学生信息,找出最高分学生,输出该生的学号、姓名、成绩。

运行效果:

```
        学生成绩:
学号      姓名      成绩
1         莉莉      90
2         张楠      98
3         笑笑      56
4         武威      67
5         哈哈      77

最高分学生成绩:
学号      姓名      成绩
2         张楠      98
```

第9章 位运算

C语言提供了位(bit)运算的功能,位运算只适合于整型操作数(char型可以ASCII码参与运算),不适合浮点数。位运算是对二进制位进行的操作,运算之前要把相应操作数转换为二进制形式。6种位运算符如表9-1所示。

表9-1 C语言中的6种位运算符

操作符	含义	优先级	备注
~	取反	14	单目运算
<<	左移	11	双目运算
>>	右移	11	
&	按位与	8	
|	按位或	6	
^	按位异或	7	

9.1 按位取反运算

1. 运算表示形式

```
~m;            (m是整型数)
```

2. 运算规则

将参与运算数值的每一个二进制位求反,将1变0,0变1。

3. 运算步骤

(1) 将参与运算的数转为二进制(如果是负数,需要转为补码)。

(2) 按位取反,所有的1变0,0变1。

(3) 转换为相应进制数(如果是首位为1的有符号整数,先补码转原码)。

回顾:原码→补码:符号位不变,数值位取反加1。

补码→原码:符号位不变,数值位减1取反。

4. 规律

有符号整数按位取反前后数值的绝对值相差1,负数绝对值大。无符号整数按位取反后的数值等于有效位数的最大值减去该数。

9.2 按位左移运算

1. 运算表示形式

```
m<<n;          (m和n都是整型数,而且n必须为正整数)
```

2. 运算规则

把运算数 m 的各二进位全部左移 n 位。高位左移后溢出,则丢弃,右边低位空出的位置补零。对于有符号的整数,原则上符号位保留,但左移位数等于或超过它本身位数时,结果恒为 0,符号位也不再保留。

3. 运算步骤

(1) 将 m 转为二进制(如果是负数,需要转为补码)。

(2) 将二进位全部左移 n 位,右边低位空出的位置补 n 个零。

(3) 转换为相应进制数(如果是负数,先补码转原码)。

4. 规律

左移相当于做乘法,左移比乘法快很多。左移 1 位相当于原操作数乘以 2,左移 n 位相当于操作数乘以 2^n。但移动位数过多或数值大则另当别论。

9.3 按位右移运算

1. 运算表示形式

```
m>>n;          (m和n都是整型数,而且n必须为正整数)
```

2. 运算规则

把运算数 m 的各二进位全部右移 n 位。与左移运算不同,左边高位空出的位置不是固定补零,而是补符号位(正数补 0,负数补 1)。正整数按位右移,如移出数据有效范围,值恒为 0。负整数按位右移,如移出数据有效范围,值恒为−1。

3. 运算步骤

(1) 将 m 转为二进制(如果是负数,需要转为补码)。

(2) 将二进位全部右移 n 位,左边空出的位置补 n 个符号位。

(3) 转换为相应进制数(如果是负数,先补码转原码)。

4. 规律

右移相当于做除法,但正整数和负整数右移运算规律有所不同。正整数右移一位相当于原操作数除以 2,右移 n 位相当于原操作数除以 2^n。负整数如果数值是 2 的整数倍,规则与正整数相同,否则需要在结果值上再减 1。示例如表 9-2 所示。

表 9-2 左移、右移运算示例

表达式	按位左移				按位右移			
	8<<2	−8<<2	9<<2	−9<<2	8>>2	−8>>2	9>>2	−9>>2
运算结果	32	−32	36	−36	2	−2	2	−3

移动位数过多或数值大则不遵守此规律。

9.4 按位与、或、异或运算

1. 运算表示形式

按位与、或、异或的运算表示形式如表 9-3 所示。

表 9-3 按位与、或、异或的运算表示形式

	按位与运算	按位或运算	按位异或运算
运算表示形式	a& b;	a| b;	a^b

2. 运算规则

按位与、或、异或的运算规则如表 9-4 所示。

表 9-4 按位与、或、异或的运算规则

运　算	规　则
按位与	若 a、b 对应的两个二进位均为 1 时，结果才为 1，否则为 0
按位或	若 a、b 对应的两个二进位均为 0 时，结果才为 0，否则为 1
按位异或	若 a、b 对应的两个二进位值相同，结果为 0，不同结果为 1

3. 运算步骤

(1) 将 a 和 b 分别转为二进制(如果是负数，需要转为补码)。

(2) 将两个二进制对应位按位与、或、异或运算。

(3) 转换为相应进制数(如果是负数，先补码转原码)。

4. 用途

按位与、或、异或运算的结果不容易直观判断，实际应用中常常利用其运算特点，进行一些特殊的操作，如清零、屏蔽、取反等。用途如表 9-5 所示。

表 9-5 按位与、或、异或的用途

运　算	用　途
按位与	可以将某些位清零或保持不变：与 1“与”保持不变，与 0“与”置 0
按位或	可以将某些位置为 1 或保持不变：与 0“或”保持不变，与 1“或”置 1
按位异或	可以将某些位取反或保持不变：与 0“异或”保持不变，与 1“异或”取反

9.5 程序示例

【例 9-1】 编写程序，取无符号整型数 a 的二进制从右端开始的 4～7 位。(知识点：取反、位移、按位与。)

例如：输入数据 a = 90，$(90)_{10}$ = $(0\,\underline{1011}\,010)_2$，取 4～7 位$(1011)_2$ = $(11)_{10}$。

分析：

(1) 先将 a 右移 3 位，将 4～7 位数值移到最右侧，即：a >> 3。

(2) 设置一个低 4 位为 1，其他位为 0 的数，如：～(～0 << 4)。

(3) 将两者进行按位与(&)运算，后 4 位(原 4～7 位)保持不变，其他位置 0。

参考代码：

```
#include <stdio.h>
void main( )
{
    unsigned short a, b, c, d ;
    printf("请输入数字 a:" );
    scanf(" %ud", &a);                          //格式符 u 无符号,d 为十进制整型
    b = a >> 3;                                 //右移 3 位
    c = ~ ( ~ 0 << 4);                          //制造后 4 位为 1 其他位为 0 的数
    d = b & c;                                  //按位与
    printf("数字 a: %u\n4~7 位: %u\n", a, d );
}
```

运行结果：

```
请输入数字 a: 90
数字 a: 90
4~7 位: 11
```

问题：低 4 位全为 1，其他位全为 0 的数，为什么用 ～(～ 0 <<4)，而不是直接用十六进制数 0X000F?

回答：用 ～(～ 0 << 4)可以不区分整数占 2B 还是 4B，适用任何机器。

【例 9-2】 编写程序，通过异或运算交换两个变量的值。

分析：通常交换两个变量的值需要第三个变量，使用异或运算可以不用借助第三个变量，三次异或运算即可完成两个变量值的交换。

异或运算具有以下特点。

(1) 任意一个变量 x 与其自身进行异或，结果为 0，即：$x \wedge x = 0$。

(2) 任意一个变量 x 与 0 进行异或，结果不变，即：$x \wedge 0 = x$。

(3) 异或运算具有可结合性，即 $a \wedge b \wedge c = (a \wedge b) \wedge c = a \wedge (b \wedge c)$。

(4) 异或运算具有可交换性，即 $a \wedge b = b \wedge a$。

第 1 步：将 a 中的数值变成 a ^ b 的结果。

```
a = a ^ b;
```

第 2 步：将 b 中的值换成 a 原来的值。

```
b = a ^ b;                //这个 a 是第一步运算后的新值
  = (a ^ b) ^ b           //这个 a 是原值,用第 1 步表达式 a = a ^ b 替换
  = a ^(b ^ b)
  = a ^ 0 = a
```

第 3 步：将 a 中的值换成 b 原来的值。

```
a = a ^ b;                //这个 a、b 都是新值,是前两步运算后的结果
  = (a ^ b)^ a            //将 a,b 替换为旧值,a = a ^ b; b = a;
  = a ^ b ^ a             //这个 a,b 是原来旧值
```

```
= a ^ a ^ b
= 0 ^ b = b
```

参考代码：

```
#include <stdio.h>
void main( )
{   int a, b;
    printf("请输入整数a,b: ");
    scanf("%d%d", &a, &b);                          //读入两个整数
    printf("\n交换前: a = %d\tb = %d\n", a, b);
    a = a ^ b; b = a ^ b; a = a ^ b;                //三次异或运算
    printf("交换后: a = %d\tb = %d\n", a, b);
}
```

运行结果：

```
请输入整数a,b: 7  19

交换前: a=7   b=19
交换后: a=19   b=7
```

【例 9-3】 分析以下程序的运行结果，当程序循环结束时，cc 的值是多少？

```
int cc = 0, x = 8421;
while(x)
{   cc++;
    x = x & (x - 1);
}
```

程序说明："按位与"操作，只有两位都是 1 时，结果才是 1，否则置 0。x 每次和比它小 1 的数按位与，每次就会消除最后一位数字 1，直到把 x 中所有 1 消除掉。x 的二进制中有多少个 1，cc 的值就是几。8421 转为二进制是 10 0000 1110 0101，含有 6 个 1，所以循环 6 次，cc=6。

9.6 常见错误

错误 1：语句看起来很正确，但输出结果不对。

原因：有可能数据类型与格式符不匹配。记住常用的格式符，具体见第 2 章。

错误 2：分不清不同进制数值的表示形式。

原因：数字直接写是十进制，用数字 0 开头的是八进制，用 0x 或 0X 开头的是十六进制。C 语言不能直接表示二进制常量，一般转换为八进制或十六进制表示。

实验 12 位运算练习

一、实验目的与要求

1. 了解位运算的概念和特点。
2. 熟悉位运算的使用。

二、实验环境

Visual C++ 2010/Visual C++ 6.0。

三、实验内容

1. 填空题。在横线上填入适当的语句，进行左移和右移位运算，达到要求的运行效果，理解位移运算的作用。

```
#include<stdio.h>
void main()
{
  char x = 040;                                  //二进制 00100000
  printf("x 的【八】进制数为: %o\n",x);
  printf("x 的【十】进制数为: %d\n",x);
  printf("x 的【十六】进制数为: %x\n",x);
  printf("* * x 左移运算* *\n");                //x 左移运算
  printf("x 左移两位【八】进制为: %__\n",______);    //空 1、2
  printf("x 左移两位【十】进制为: %____\n",______);  //空 3、4
  printf("x 左移两位【十六】进制为: %__\n",______);  //空 5、6
  printf("* * x 右移运算* *\n");                //x 右移运算
  printf("x 右移两位【八】进制为: %____\n",______);  //空 7、8
  printf("x 右移两位【十】进制为: %____\n",______);  //空 9、10
  printf("x 右移两位【十六】进制为: %__\n",______);  //空 11、12
}
```

运行效果：

```
x 的【八】进制数为:40
x 的【十】进制数为:32
x 的【十六】进制数为:20
**x 左移运算**
x 左移两位【八】进制为:200
x 左移两位【十】进制为:128
x 左移两位【十六】进制为:80
**x 右移运算**
x 右移两位【八】进制为:10
x 右移两位【十】进制为:8
x 右移两位【十六】进制为:8
```

2. 填空题。在横线上填入适当的语句，进行“与”“或”“异或”练习，实现要求的运行效果，并手工进行验算。改变 x 的值再次运行验证效果，理解运算规则。

```
#include<stdio.h>
void main()
{
  unsigned char x = 0x5b,y1,y2,y3; //x 二进制 01011011
  y1 = ____;                  //空 1,赋值 y1,使 x&y1 将 x 后三位置 0,前 5 位不变
  printf("x&y1【十六】进制为: %x\n",x&y1);
  y2 = ____;                  //空 2,赋值 y2,使 x|y2 将 x 后三位置 1,前 5 位不变
  printf("x|y2【十六】进制为: %x\n",x|y2);
  y3 = ____;                  //空 3,赋值 y3,使 x^y3 将 x 后三位取反,前 5 位不变
  printf("x^y3【十六】进制为: %x\n",x^y3);
}
```

运行效果：

```
x&y1【十六】进制为:58
x|y2【十六】进制为:5f
x^y3【十六】进制为:5c
```

3. 编写程序，将 8 位无符号二进制数的奇数位进行翻转，0 变为 1，1 变为 0。

拓展：编写程序，通过位运算进行密码加密，加密规则是将密码二进制的奇数位进行翻转，0 变为 1，1 变为 0。

第10章 文　件

C语言文件操作分为四步进行，如表10-1所示。

表10-1　文件操作步骤

文件操作步骤	说　明
定义文件指针	使用FILE结构体数据类型，如：FILE *fp;
打开文件	通过函数实现，记住各种函数的用法 文件用完要关闭，否则可能丢失缓冲区数据
读或写文件	
关闭文件	

10.1　文件的打开与关闭函数

1. 打开文件函数

原型：

```
FILE * fopen(char * filename, char * type) ;
```

成功：返回文件指针。

失败：返回错误标志NULL。

filename：文件名字符串。可以是一个带有完整路径的文件名，也可以直接写文件名，表示该文件在当前工作目录。

type：文件操作模式字符串。文本文件和二进制文件分别使用不同的操作模式，文本文件操作模式如表10-2所示。

表10-2　文本文件的操作模式取值及含义

type	含　义	文件存在时	文件不存在时
r	以只读方式打开	打开文本文件，只可读，不可写	返回错误标志
w	以只写方式建立新文件	打开文本文件，清空文件内容，只写	建立新文件
a	以追加方式打开	打开文本文件，保留原有内容，只能在文件尾部追加，不可读	建立新文件
r+	以读写方式打开	打开文本文件，保留原有内容，可读可写	返回错误标志
w+	以读写方式建立新文件	打开文本文件，清空文件内容，可写可读	建立新文件
a+	以读写方式打开	打开文本文件，保留原有内容，可读，可从文件尾追加数据	建立新文件

文本文件的操作模式还可以写为rt，wt，at，rt+，wt+，at+，其中，“t”表示文本文件。二进制文件用字符“b”来表示，分别为rb，wb，ab，rb+，wb+，ab+。

说明：

(1) 文件打开成功时，文件指针都是指向文件的开始处。

(2) 一般要判断函数 fopen()的返回值，打开成功与不成功运行不同的操作。

(3) 文件读写完毕应该关闭文件，以防止丢失数据等错误。

(4) C程序将输入输出设备也当作文件，标准输入文件(键盘)、标准输出文件(显示器)、标准出错文件(出错信息)三个文件指针为 stdin、stdout、stderr。这三个指针是常量，而不是变量，不能重新赋值。

2. 关闭文件函数

原型：

```
int fclose(FILE * stream);
```

stream：文件指针，指向一个已经打开的文件。

成功：返回 0。

失败：返回非 0 值。

作用：关闭文件指针 fp 所指向的文件，将文件缓冲区中剩余的数据全部输出到文件中，释放该指针。

10.2 文件读写函数

C语言调用库函数实现对文件的读写操作，函数声明在 stdio.h 头文件中，主要有 4 组函数，如表 10-3 所示。

表 10-3 文件读写函数功能说明

函数		调用形式	功能	返回值
读写字符	fgetc()	ch = fgetc(fp)	从 fp 所指文件位置读一个字符，存入 ch 变量	成功：字符 ASCII 码 失败：−1(EOF)
	fputc()	fputc(ch, fp)	将字符 ch 的值写入 fp 所指文件位置	成功：字符 ch 失败：−1(EOF)
读写字符串	fgets()	fgets(str, n, fp)	从 fp 所指文件位置读最大长度为 n−1 的字符串，存入 str 内存地址空间，后面加上'\0'	成功：0 失败：−1
	fputs()	fputs(str, fp)	将 str 指定的字符串(不含\0)写入 fp 所指文件位置	成功：0 失败：−1
格式化读写	fscanf()	fscanf(fp, 格式字符串, 输入列表)	从 fp 所指文件位置，按格式读入数据，存入列表变量中	成功：已输入数据个数 失败：−1
	fprintf()	fprintf(fp, 格式字符串, 输出列表)	按格式将列表中数据写入 fp 所指文件位置	成功：输出数据个数 失败：−1
按块读写	fread()	fread(buf, size, n, fp)	从 fp 所指文件位置读 n 个长度为 size 的数据项存入 buf 所指块(一般为数组)	成功：n 的值 失败：小于 n 的值
	fwrite()	fwrite(buf, size, n, fp)	将 n 个长度为 size 的数据项写入 fp 所指文件位置	成功：n 的值 失败：小于 n 的值

说明：

(1) EOF 是在 stdio.h 头文件中定义的符号常量，其值等于－1。

(2) 所有文件读写函数的函数名都以字符“f”开头，函数参数中都有文件指针。

(3) 对文本文件，可以按字符、按字符串，或者格式化读写。对二进制文件，一般按块读写或者格式化读写。

(4) 每读写一次，文件指针自动指向下一个位置。

(5) 读取文件时，一定要先读一次，再判断文件是否结束，循环语句中一定要有再次读文件的语句。

10.3 文件定位及状态判断函数

1. 文件定位函数

原型：

```
int fseek(FILE * stream,long offset, int position);
```

功能：将文件指针移动到指定位置，实现随机读写。

成功：返回 0。

失败：返回非零值。

stream：文件指针，指向一个已经正确打开的文件。

offset：位移量。取值有两种情况：>0，表示指针向前（向文件尾）移动；<0，表示指针向后（向文件头）移动。position：起始位置。取值有以下三种情况。

(1) 0 或 SEEK_SET，表示从文件开始处（文件中第一个数据位置）开始。

(2) 1 或 SEEK_CUR，表示从当前文件指针位置开始。

(3) 2 或 SEEK_END，表示从文件尾（下一个待写入位置）开始。

2. 位置函数

原型：

```
long int ftell(FILE * stream);
```

功能：返回文件指针所指向位置距离文件头的偏移量（字节数）。

成功：返回一个大于或等于 0 长整数。

失败：返回－1。

stream：文件指针，指向一个已经正确打开的文件。

3. 重定位函数

原型：

```
void rewind(FILE * stream);
```

功能：将文件指针重新指向文件的开始处，此函数无返回值。

stream：文件指针，指向一个已经正确打开的文件。

4. 文件状态判断函数

原型：

```
int feof(FILE * stream);
```

功能：判断是否到达文件尾部。

未到文件尾：返回0。

到达文件尾：返回非零值。

stream：文件指针，指向一个已经正确打开的文件。

10.4 程序示例

【例 10-1】 从键盘输入一串字符，用字符 * 作结束标志，按字符写入文件后，按字符串读出来显示在显示器上。

参考代码：

```
#include <stdio.h>
#include <stdlib.h>                             //包含 exit( )函数
void main( )
{   FILE * fp;                                  //定义文件指针
    char ch, str[30], name[20];                 //定义变量
    printf("请输入文件名: ");
    gets(name);                                 //读入文件名
    fp = fopen(name, "w+");                     //读写方式打开
    if (fp == NULL)                             //判断打开失败退出
    {   printf("file open error!\n");
        exit(0);                                //退出函数,在 stdlib.h 头文件中
    }
    printf("请输入内容(*结束):");
    ch = getchar( );                            //读入一个字符
    while (ch!= '*')                            //判断不等于*循环
    {
        fputc(ch, fp);                          //将字符写入文件
        ch = getchar( );                        //读入下一个字符
    }
    rewind(fp);                                 //文件指针移到文件头
    printf("读出的字符串是: ");
    while (fgets(str, 30, fp)!= NULL)           //从文件中读字符串
        puts(str);                              //在显示器输出字符串
    fclose(fp);                                 //文件关闭
}
```

运行效果：

```
请输入文件名:  w1.txt
请输入内容(*结束): how are you? *
读出的字符串是: how are you?
```

程序说明：程序以"w+"方式打开文件，先写入内容，再将指针移到文件头部，读出文件中内容。

【例 10-2】 编写程序，使用格式化读写函数，输入5名学生的成绩、姓名，存在文件cj.txt中，每个学生数据占一行，不同数据之间以Tab分隔，垂直对齐。

参考代码:

```
#include <stdio.h>
#include <stdlib.h>
void main( )
{   FILE *fp;                                        //定义文件指针
    int cj, i;
    char name[8];                                    //定义字符型数组
    if ((fp = fopen("cj.txt", "w+")) == NULL)        //打开失败退出
    {   printf("file open error!\n");
        exit(0);                                     //退出
    }
    printf("请输入学生的成绩、姓名:\n");
    for(i = 1;i<=5;i++)                              //循环5次写入文件
    {
        printf("第%d名学生:", i);
        scanf("%d%s", &cj, name);                    //键盘输入
        fprintf(fp, "%d\t%s\n", cj, name);           //写文件
    }
    rewind(fp);                                      //文件指针移到文件头部
    printf("\n读出学生的成绩、姓名:\n");
    for(i = 1;i<=5;i++)                              //循环5次读文件内容
    {
        printf("第%d名学生:", i);
        fscanf(fp, "%d%s", &cj, name);               //文件中读
        printf("%d\t%s\n", cj, name);                //显示器输出
    }
    fclose(fp);                                      //关闭文件
}
```

运行效果:

```
请输入学生的成绩、姓名:
第1名学生: 90   张丽丽
第2名学生: 88   李强
第3名学生: 75   小小
第4名学生: 65   菲菲
第5名学生: 99   玲珑

读出学生的成绩、姓名:
第1名学生: 90   张丽丽
第2名学生: 88   李强
第3名学生: 75   小小
第4名学生: 65   菲菲
第5名学生: 99   玲珑
```

程序说明:此程序将打开文件与判断打开是否成功语句合并。注意用小括号改变操作符的运行顺序,先赋值,后判断。此程序也可以改为以"w"方式打开写文件,写完关闭,再以"r"方式打开读文件。

【例10-3】 输入3名学生的序号、姓名、成绩,使用按块读写函数保存在二进制文件st.dat中,再按块读出来显示在显示器上。

参考代码：

```
#include <stdio.h>
#include <stdlib.h>
void main( )
{   FILE *fp;                                          //定义文件指针
    int i;
    struct s{ int xh; char name[8]; int cj;}ss[20];    //结构体数组
    fp = fopen("st.dat", "ab+");                       //追加二进制文件方式
    if (fp == NULL)                                    //判断打开失败退出
    {  printf("file open error!\n");
       exit(0);                                        //退出函数,在 stdlib.h 头文件中
    }
    printf("输入学生信息:\n");
    for(i = 0;i<3;i++)                                 //循环 3 次
    {  ss[i].xh = i + 1;
       printf("第 %d 名学生的姓名:", i + 1);
       scanf("%s", &ss[i].name);                       //键盘输入
       printf("第 %d 名学生的成绩:", i + 1);
       scanf("%d", &ss[i].cj);                         //键盘输入
       fwrite(&ss[i], sizeof(struct s), 1, fp);        //按块写入文件
    }
    fseek(fp, 0, 0);                                   //指针移到文件头部
    i = 0;
    printf("\n 屏幕输出学生信息:\n");
    fread(&ss[i], sizeof(struct s), 1, fp);            //读一块文件
    while(!feof(fp))                                   //判断未到文件尾部
    {
      printf("序号:%d 姓名:%s", ss[i].xh, ss[i].name);
      printf("\t 成绩:%d\n", ss[i].cj);                 //屏幕输出
      fread(&ss[++i], sizeof(struct s), 1, fp);        //读下一块
    }
    fclose(fp);                                        //关闭文件
}
```

第1次运行结果：

```
输入学生信息:
第 1 名学生的姓名: 张丽丽
第 1 名学生的成绩: 89
第 2 名学生的姓名: 李哈哈
第 2 名学生的成绩: 90
第 3 名学生的姓名: 小小
第 3 名学生的成绩: 75

屏幕输出学生信息:
序号: 1   姓名: 张丽丽      成绩: 89
序号: 2   姓名: 李哈哈      成绩: 90
序号: 3   姓名: 小小        成绩: 75
```

第2次运行结果：

```
输入学生信息:
第 1 名学生的姓名: 张三
第 1 名学生的成绩: 12
第 2 名学生的姓名: 李四
第 2 名学生的成绩: 56
第 3 名学生的姓名: 王五
第 3 名学生的成绩: 67

屏幕输出学生信息:
序号: 1   姓名: 张丽丽      成绩: 89
序号: 2   姓名: 李哈哈      成绩: 90
序号: 3   姓名: 小小        成绩: 75
序号: 1   姓名: 张三        成绩: 12
序号: 2   姓名: 李四        成绩: 56
序号: 3   姓名: 王五        成绩: 67
```

程序说明：

(1) 定义结构体数据类型 s,包括三个成员：学生序号、姓名、成绩。

(2) 定义 3 个元素的结构体类型数组 ss[5],可以存 3 名学生数据。

(3) 文件打开模式为 ab,文件不存在,会自动创建一个新文件,文件存在,则追加。多次运行程序每次输入 3 名学生数据,原有学生数据不会丢失。

(4) 使用 sizeof()运算符计算结构体类型所占字节数,用 fwrite()函数每次写入一名学生的全部信息。

【例 10-4】 编写简单的点名程序,在班级 40 名学生中随机选一名学生进行提问,学生名单已经存在 bjmd1.txt 文件中,每名学生信息占 32 个位置。

参考代码：

```
#include <stdio.h>
#include <time.h>
int main( )
{    int xh = 0, wz = 0; char name[40];
     FILE * fp;                                //定义文件指针
     fp = fopen("bjmd1.txt", "r");             //只读打开班级名单
     if (fp!= NULL)                            //判断打开失败退出
     {
       srand(time(NULL));                      //以时间作随机数种子
       xh = rand( ) % 40 + 1;                  //取随机数, 40 人中任选 1 人
       wz = xh * 32;                           //计算位置,一个学生信息含空格占 32
       fseek(fp, wz, 0);                       //从文件开始处移动指针定位
       fgets(name, 31, fp);                    //读学生信息,存入 name
       printf("\n 提问:\n%s\n", name);         //显示器显示姓名
       fclose(fp);                             //关闭文件
     }
}
```

运行效果：

```
提问:
软件 1703 班 317102060333 章宗田
```

bjmd1.txt 文件内容示例：

```
bjmd1.txt - 记事本
文件(F) 编辑(E) 格式(O) 查看(V) 帮助(H)
软件1703班 314202060306 程 龙
软件1703班 315202060327 刘耀东
```

程序说明： 以只读方式打开文件,用时间作种子取真随机数,从 40 人中任选一人,计算该学生信息的位置,用 fseek()函数定位,用 fgets()函数读该学生信息并显示在显示器上,最后关闭文件。

10.5 常 见 错 误

错误 1： 文件打开异常。

原因：有可能文件打开模式错误,根据操作选择相应的文件操作模式。以"r"或"r+"方式打开的文件必须是已经存在的文件。

错误 2： 写文件程序运行成功,但找不到文件在哪里。

原因：如果打开文件时没有写文件所在路径,文件默认保存在源程序所在位置。

实验13　文件操作练习

一、实验目的与要求

1. 掌握C语言文件和文件指针的概念。
2. 掌握C语言中文件的打开、读写和关闭的方法。
3. 熟悉各种文件操作相关函数的用法。

二、实验环境

Visual C++ 2010/Visual C++ 6.0。

三、实验内容

1. 改写程序。如下程序是计算10名学生的平均分，请你修改为从文件cj.txt中读取成绩进行计算。请事先自己创建cj.txt，写入以空格分隔的10个成绩。

```
#include<stdio.h>
#define N 10
float tj_avg(int a[]);
void main( )
{
    int scores[N],i;
    float avg_m;
    printf("请输入学生的成绩:\n");          //1 此处需要修改
    for (i = 0;i<N;i++)
        scanf("%d",&scores[i]);            //2 此处需要修改
    avg_m = tj_avg(scores);
    printf("平均分为%.2f\n",avg_m);
}
float tj_avg(int a[])
{
  float avg;int i,sum = 0;
  for (i = 0;i<N;i++)
      sum = sum + a[i];
  avg = (float)sum/N;
  return avg;
}
```

2. 编写程序，实现将磁盘上一个文本文件(如cj.txt)的内容复制到另一个用你的名字命名的文本文件中。

3. 事先在磁盘中创建两个文本文件，并写入内容，编写程序，实现将一个文件的内容追加到另一个文件的尾部。

拓展：两个磁盘文件A和B中各存放一行字母，要求把这两个文件的信息合并，并按字母升序重新排列，保存到新文件C中。

附录A ASCII码表

ASCII码包含96个可打印字符和32个控制字符，每个字符采用7个二进制位进行编码，计算机中实际使用1B(8b)存储1个ASCII码，最高位固定为0。ASCII码对应的二进制和十六进制的值见表A-1。

表A-1 ASCII码对应的二进制和十六进制的值

			高三位编码							
	十六进制		0	1	2	3	4	5	6	7
		二进制	000	001	010	011	100	101	110	111
低四位编码	0	0000	NUL	DLE	SP	0	@	P	`	p
	1	0001	SOH	DC1	!	1	A	Q	a	q
	2	0010	STX	DC2	"	2	B	R	b	r
	3	0011	ETX	DC3	#	3	C	S	c	s
	4	0100	EOT	DC4	$	4	D	T	d	t
	5	0101	ENQ	NAK	%	5	E	U	e	u
	6	0110	ACK	SYN	&	6	F	V	f	v
	7	0111	BEL	ETB	'	7	G	W	g	w
	8	1000	BS	CAN	(	8	H	X	h	x
	9	1001	HT	EM	)	9	I	Y	i	y
	A	1010	LF	SUB	*	:	J	Z	j	z
	B	1011	VT	ESC	+	;	K	[	k	{
	C	1100	FF	FS	,	<	L	\	l	|
	D	1101	CR	GS	-	=	M	]	m	}
	E	1110	SO	RS	.	>	N	^	n	~
	F	1111	SI	US	/	?	O	_	o	DEL

ASCII码对应的十进制的值见表A-2。

表A-2 ASCII码对应的十进制的值

十进制	缩写/字符	十进制	缩写/字符	十进制	缩写/字符	十进制	缩写/字符
0	NUL	6	ACK	12	FF	18	DC2
1	SOH	7	BEL	13	CR	19	DC3
2	STX	8	BS	14	SO	20	DC4
3	ETX	9	HT	15	SI	21	NAK
4	EOT	10	LF	16	DLE	22	SYN
5	ENQ	11	VT	17	DC1	23	ETB

续表

十进制	缩写/字符	十进制	缩写/字符	十进制	缩写/字符	十进制	缩写/字符
24	CAN	50	2	76	L	102	f
25	EM	51	3	77	M	103	g
26	SUB	52	4	78	N	104	h
27	ESC	53	5	79	O	105	i
28	FS	54	6	80	P	106	j
29	GS	55	7	81	Q	107	k
30	RS	56	8	82	R	108	l
31	US	57	9	83	S	109	m
32	SP	58	:	84	T	110	n
33	!	59	;	85	U	111	o
34	"	60	<	86	V	112	p
35	#	61	=	87	W	113	q
36	$	62	>	88	X	114	r
37	%	63	?	89	Y	115	s
38	&	64	@	90	Z	116	t
39	'	65	A	91	[	117	u
40	(	66	B	92	\	118	v
41	)	67	C	93	]	119	w
42	*	68	D	94	^	120	x
43	+	69	E	95	_	121	y
44	,	70	F	96	`	122	z
45	-	71	G	97	a	123	{
46	.	72	H	98	b	124	|
47	/	73	I	99	c	125	}
48	0	74	J	100	d	126	~
49	1	75	K	101	e	127	DEL

附录B 常用库函数

1. 数学函数

数学函数见表B-1,需包含头文件#include<math.h>。

表B-1 数学函数

函数原型	功能	结果
int abs(int x)	计算整数x的绝对值	返回$\|x\|$
double acos(double x)	计算arccos(x)的值($-1\leqslant x\leqslant 1$)	返回$0\sim\pi$的值
double asin(double x)	计算arcsin(x)的值($-1\leqslant x\leqslant 1$)	返回$-\pi/2\sim\pi/2$的值
double atan(double x)	计算arctan(x)的值	返回$-\pi/2\sim\pi/2$的值
double atan2(double x, double y)	计算arctan(x/y)的值	返回$-\pi\sim\pi$的值
double cos(double x)	计算cos(x)的值(x单位为弧度)	返回$-1\sim 1$的值
double cosh(double x)	计算cosh(x)的值	返回cosh(x)的计算结果
double exp(double x)	计算e^x的值	返回e^x的计算结果
double fabs(double x)	计算浮点数x的绝对值	返回$\|x\|$的计算结果
double floor(double)	取x的整数部分	返回x取整后的双精度型实数
double fmod(double x, double y)	计算浮点数x和y整除的余数	返回(x%y)的结果
double log10(double x)	计算lgx的值	返回lgx的计算结果
double pow(double x, double y)	计算x^y的值	返回x^y的计算结果
double sin(double x)	计算sinx的值(x单位为弧度)	返回sinx的计算结果
double sinh(double x)	计算sinh(x)的值	返回sinh(x)的计算结果
double sqrt(double x)	计算$\sqrt{x}$($x\geqslant 0$)的值	返回$\sqrt{x}$的计算结果
double tan(double x)	计算tan(x)的值(x单位为弧度)	返回tanx的计算结果
double tanh(double x)	计算tan(x)的值	返回tanh(x)的计算结果

2. 字符处理函数

字符处理函数见表B-2,需包含头文件#include<ctype.h>。

表B-2 字符处理函数

函数原型	功能	结果
int isalnum(int ch)	检查ch是否为字母或数字	若是,返回1;否则返回0
int isalpha(int ch)	检查ch是否为字母	若是,返回1;否则返回0
int iscntrl(int ch)	检查ch是否为控制字符(ASCII码为0～0xlf和0X7F)(十进制为0～31和127)	若是,返回1;否则返回0
int isdigit(int ch)	检查ch是否为数字('0'～'9')	若是,返回1;否则返回0

续表

函数原型	功能	结果
int isgraph(int ch)	检查 ch 是否为可打印字符(不含空格)	若是,返回 1;否则返回 0
int islower(int ch)	检查 ch 是否为小写字母(a~z)	若是,返回 1;否则返回 0
int ispunct(int ch)	检查 ch 是否为不包含数字、字母和空白字符的可打印字符	若是,返回 1;否则返回 0
int isprint(int ch)	检查 ch 是否为可打印字符(包括空格)	若是,返回 1;否则返回 0
int isspace(int ch)	检查 ch 是否为空格、跳格符(制表符)或换行符	若是,返回 1;否则返回 0
int isupper(int ch)	检查 ch 是否为大写字母('A'~'Z')	若是,返回 1;否则返回 0
int isxdigit(int ch)	检查 ch 是否为十六进制数字字符	若是,返回 1;否则返回 0
int toascii(int c)	将 c 转换成相应的 ASCII 码	返回 c 的 ASCII 码
int tolower(int ch)	将 ch 字符转换成小写字母	若 ch 为大写字母,返回其小写字母;否则原样返回
int toupper(int ch)	将 ch 字符转换成大写字母	若 ch 为小写字母,返回其大写字母;否则原样返回
int upper(int ch)	判断 ch 是否为大写字母	若是,返回 1;否则返回 0

3. 字符串函数

字符串函数见表 B-3,需包含头文件#include<string.h>。

表 B-3 字符串函数

函数原型	功能	结果
char *strcat(char *str1,char *str2)	将第 2 个字符串连接到第 1 个后面	返回加长后的字符串 str1
char *strchr(char *str, char ch)	找出 str 字符串中第一次出现 ch 的位置	若找到,返回 ch 的位置指针;否则返回空指针
int strcmp(char *str1, char *str2)	比较两个字符串 str1、str2 大小	str1 小返回负数;两个相同返回 0;str1 大返回正数
int strcpy(char *str1, char *str2)	把 str2 指向的字符串复制到 str1 中	返回 str1(与 str2 内容相同)
unsigned int strlen(char *str)	统计 str 中字符个数(不包括'\0')	返回 str 中字符的个数
char *strstr(char *str1, char *str2)	找 str2 字符串在 str1 字符串中第 1 次出现的位置(不含\0)	若找到,返回 str2 位置指针;否则返回空指针
char *strupr(char *str)	将字符串 str 中所有小写字母改为大写	字符串 str 首地址
char *strlwr(char *str)	将字符串 str 中所有大写字母改为小写	字符串 str 首地址

4. 输入/输出函数

输入/输出函数见表 B-4,需包含头文件#include<stdio.h>。

表 B-4　输入/输出函数

函数原型	功　能	结　果
void clearerr(FILE * fp)	清除 fp 文件的错误标志和文件结束指示器	无返回值
int close(FILE * fp)	关闭 fp 所指向的文件	若成功返回 0；否则返回 1
int eof(int fp)	检查与 fp 相关联的文件是否到达文件尾	若到达文件尾,返回 1；否则返回 0；遇到错误,返回－1
int fclose(FILE * fp)	关闭 fp 所指向的文件,释放文件缓冲区	若成功，返回 0；否则返回 EOF
int feof(FILE)	检查文件是否结束	结束返回非 0 值；否则返 0
int fgetc(FILE * fp)	从 fp 指定的文件中读下一个字符	返回所得到的字符 ASCII 码；若出错,返回 EOF
char * fgets(char * buf, int n, FILE * fp)	从 fp 处读取不长于 n－1 的字符串,存入 buf 起始地址	成功,返回 0；失败返回－1(EOF)
FILE * fopen(char * filename, char * mode)	以 mode 指定的方式打开名为 filename 的文件	成功,返回文件指针(文件起始地址),失败返回 NULL
int fputs(char * str, FILE * fp)	将 str 指定的字符串输出到 fp 指定的文件中	成功,返回 0；失败返回－1(EOF)
int fputc(char ch, FILE * fp)	将字符 ch 写到 fp 所指文件位置	成功,返回该字符；否则返回 EOF
int fprintf(fp, 格式串, 输出列表)	按指定格式将列表中数据写入 fp 所指文件中	成功,返回数据个数；否则返回－1
int fread(void * pt, unsigned size, unsigned n, FILE * fp)	从文件指针 fp 处读 size×n 个数据,存到 pt 内存区	返回所读数据个数；如遇文件结束或出错,返回 0
int fscanf(fp, 格式串, 输入列表)	从文件指针 fp 处按给定格式读数据,存入列表变量中	成功,返回读入数据个数；否则返回－1
int fseek(FILE * fp, long offset, int base)	从文件指针 fp 处,以 base 位置为基准,移动 offset 量	成功,返回当前位置；否则返回－1
long ftell(FILE * fp)	返回 fp 处的读写位置	返回 fp 指向文件中的读写位置
int fwrite(void * ptr, unsigned size, unsigned n, FILE * fp)	把 ptr 所指 n×size 字节输出到 fp 文件指针处	返回写到文件中的数据项的个数
int getc(FILE * fp)	从文件指针 fp 处读入一个字符	返回所读的字符；若文件结束或出错,返回 EOF
int getch()	从标准输入设备读一个字符,但不显示在显示器	返回所读到字符；若文件结束或出错,返回－1
int getchar()	从标准输入设备读取下一个字符	返回所读到字符；若文件结束或出错,返回－1
int gets(char * ch)	从键盘输入字符串存入 ch 数组	返回字符串首地址。否则返回-1
int printf(char * format[, args…]	按 format 格式输出 args 的值到标准输出设备	返回输出字符个数；若出错,返回一个负数
int putc(int ch, FILE * fp)	把一个字符 ch 输出到 fp 所指的文件中	成功,输出 ch；否则返回 EOF

续表

函数原型	功能	结果
int putch(char * ch)	把字符 ch 输出到标准输出设备	成功，输出 ch；否则返回 EOF
int putchar(char * ch)	把字符 ch 输出到标准输出设备	成功，输出 ch；否则返回 EOF
int puts(char * str)	将 str 字符串输出到标准输出设备，回车符换行	成功，将字符串 str 输出到标准输出设备；否则返回 EOF
int scanf(char * format[, args…)	从键盘按 format 格式读数据，存入列表地址	成功，输出数据个数；否则返回 0
void rewind(FILE * fp)	将 fp 移到文件头，并清除文件结束和错误标志	无返回值

5. 常用内存操作及数据转换函数

常用内存操作及数据转换函数见表 B-5，需包含头文件 #include < stdlib. h >或 #include < malloc. h >。

表 B-5 常用内存操作及数据转换函数

函数原型	功能	结果
void * calloc(unsigned n, unsigned size)	为数组分配内存空间，大小为 n×size	成功，返回已分配内存首地址；否则返回 NULL
void free(void * p)	释放 p 所指向的内存空间	无
void * malloc(unsigned size)	分配 size 字节的存储区	返回分配内存首地址；若内存不够，返回 NULL
void realloc(void * p, unsigned size)	将 p 所指内存区大小改为 size，size 可以比原来大或小	返回指向该内存的指针
void abort()	结束程序的运行	非正常地结束程序
void exit(int status)	终止程序的进程	无返回值
void rand(void)	取随机数	返回一个伪随机数
void srand(unsigned seed)	初始化随机数发生器	无返回值
int random(int n)	随机数发生器	随机数大小为 0～n－1
void randomize(void)	用随机值初始化随机数发生器	无返回值
char * fcvt(double value, int ndigit, int * decp, int * sign)	将浮点数 value 转换成字符串	返回指向该字符串的指针
char * gcvt(double value, int ndigit, char * buf)	将浮点数 value 转换成字符串并存于 buf 地址	返回指向 buf 的指针
char * ultoa(unsigned long value, char * string, int radix)	将无符号整数 value 转换成字符串，radix 为转换基数	将无符号的长整型值 value 作为字符串 string
char * itoa(int value, char * string, int radix)	将整数 value 转成字符串存入 string，radix 为转换基数	将整型值 value 作为字符串 string 返回
double atof(char * nptr)	将由数字组成的字符串 nptr 转换成双精度型浮点数	返回 nptr 的双精度型值；如遇错误，返回 0
int atoi(char * nptr)	将字符串 nptr 转换成整型数	返回 nptr 的整型值；如遇错误，返回 0
long atol(char * nptr)	将字符串转换成长整型数	返回 nptr 的长整型值；如遇错误，返回 0

续表

函数原型	功能	结果
double strtod (const char * str, char * endptr)	将浮点数组成的字符串 str 转换成双精度型浮点数	返回 str 的双精度型值,遇非数字结束;如果第一个字符非数字,返回 0
int system(char * command);	发出一个 DOS 命令	system (" pause") 冻结屏幕;system("CLS")清屏

6. 时间函数

时间函数见表 B-6,需包含头文件#include<time.h>。

表 B-6 时间函数

函数原型	功能	结果
char * asctime(struct tm * p)	将日期时间转换成字符串	返回一个指向字符串的指针
clock_t clock()	测量程序运行所花费的时间	返回运行时间;失败,返回-1
char * ctime(long * time)	把日期和时间转换成字符串	返回指向该字符串的指针
double difftime(time_t time2, time_t time1)	计算 time1 与 time2 之间相差秒数	返回两个时间双精度型差值
struct tm * gmtime (time _ t * time)	得到一个以 tm 结构体表示的格林尼治标准时间	返回指向结构体 tm 的指针
time_t time(time_t * time)	返回系统的当前日历时间(以 s 为单位)	返回自 1970 年 1 月 1 日 00:00:00 到现在的时间。若系统无时间,返回-1

7. 目录函数

目录函数见表 B-7,需包含头文件#include<dir.h>。

表 B-7 目录函数

函数原型	功能	结果
void fnmerge(char * path, char * drive, char * dir, char * name, char * ext)	通过盘符 drive(如 C:),路径 dir(如\BC\LIB\),文件名 name(如 example),ext 扩展名(如.exe)组成带路径的文件名,保存在 path 中	无返回值
int fnsplit(char * path, char * drive, char * name, char * exit)	将带路径的文件名 path 分解成盘符 drive(如 C:),路径 dir(如\BC\LIB),文件名 name(如 example),ext 扩展名(如.EXE)并分别存入相应的变量中	若成功返回一整数
int getcurdir(int drive, char * direct)	返回指定驱动器的当前工作目录名称。drive:指定驱动器(0=当前,1=A,2=B,3=C 等);direct:保存指定驱动器的目录变量	若成功返回 0;否则返回-1
char * getcwd(char * buf, int n)	取当前工作目录,并存入 buf 中,长度不超过 n 个字符	若 buf 为空,返回 buf;错误返回 NULL

续表

函数原型	功能	结果
int getdisk()	取当前正在使用的驱动器	整数(0＝A,1＝B,2＝C等)
int setdisk(int drive)	设置驱动器 drive(0＝A,1＝B,2＝C等)	返回可用驱动器数
int mkdir(char * pathname)	建立一个新目录 pathname	成功返回 0；否则返回－1
int rmdir(char * pathname)	删除一个新目录 pathname	成功返回 0；否则返回－1

参考文献

[1] 李丽娟.C语言程序设计教程[M].北京：人民邮电出版社,2017.

[2] 王雪梅.C语言程序设计基础[M].北京：清华大学出版社,2020.

[3] 张基温.新概念C程序设计大学教程[M].4版.北京：清华大学出版社，2017.

[4] 谭浩强.C程序设计[M].3版.北京：清华大学出版社，2005.

[5] 李兴莹,杨常清,李欣欣.C语言程序设计基础[M].上海：上海交通大学出版社,2016.